Jan Peter Apel
Der wahre Grund des Fliegens

Der jahrtausende alte Traum vom Fliegen erfüllte sich. Jedoch nur pragmatisch, also ohne dabei zu erkennen, warum es geht.

Etwas Kennen und etwas Können und etwas Wissen sind leider gänzlich unterschiedliche und sogar autarke Dinge. "Wir können es berechnen, wissen aber nicht, warum es so ist" beschreibt, wie die heutigen Probleme in der Physik aussehen:

Es fehlt das Wissen!

Die Entwicklung der Theorie für das Fliegen ist ein Paradebeispiel dafür, wie dadurch in der Physik etwas so richtig schief gehen kann. Mit der Technik aus dem Kennen und Können wurden Theorien geboren, die das Fliegen erklären sollen. Sie sind aber so mängelbehaftet, daß sie weder nachvollzieh- noch gar verstehbar sind. Sie sind in www.grc.nasa.gov/WWW/K-12/airplane/wrong1.html und folgende aufgeführt und als falsch deklariert. Die richtige Theorie ist der NASA aber auch nicht bekannt.

Diese falschen Theorien führten dazu, daß Fliegen nicht lehrbar ist: Kein Lehrbuchschreiber kann das Fliegen verständlich darstellen. Daraus entstand die Aussage, daß die Physik des Fliegens komplex sei. Nur die technische Handhabung für den Pragmatismus zum Bauen von Flugzeuge funktioniert.

Die Natur funktioniert aber aus prinzipiell einfachen Ursache-Wirk-Prinzipien. Das einfache Prinzip des Fliegens wird hier vorgestellt und ist für jedermann mit Interesse nachvollziehbar. Aus diesem Prinzip entsteht auch die für jedermann nachvollziehbare Formel für den Auftrieb, die nur Mittelschulkenntnisse benötigt.

Was ist wahr beim Fliegen?

Bibliografische Information der Deutschen Nationalbibliothek:
Die Deutsche Nationalbibliothek verzeichnet diese Publikation
in der deutschen Nationalbibliografie: bibliografische
Daten sind im Internet unter http://dnb.de abrufbar

2015
Herausgeberin
Roswitha Apel
36269 Philippsthal

Herstellung und Verlag
BoD - Books on Demand, Norderstedt

ISBN 9783738631067

Cover, Layout und Skizzen
Peter Apel

Inhaltsverzeichnis

Vorwort

Zur Einsicht in den geringsten Teil
ist die Übersicht über das Ganze nötig.

Was hat dieses Zitat von Johann Wolfgang von Goethe mit dem Flugphänomen zu tun? Nun, es wird sich zeigen, daß das Ganze das Fliegens noch völlig unbekannt ist. Bekannt sind nur Teile, und zwar nur die, die im kleinen Fenster des Windkanals zu sehen sind.

Von unten nach oben kann weder ein Soldat aus dem Schützengraben heraus die Kriegslage erkennen noch ein Physiker aus einem Meßwert das Grundprinzip einer Naturerscheinung. Hat ein Naturvorgang mehrere Erscheinungen, so wie beim Fliegen z. B. Strömungslinien, Drücke und Wirbel, so entstehen von diesen auch mehrere Theorien, die aber nicht zu einem gemeinsamen Grundprinzip führen. Dieses kann auch nur für sich alleine gefunden werden und führt dann von oben nach unten zu allen Einzelerscheinungen.

Die Lehrtheorie des Fliegens versucht, das Fliegen nicht im Original, sondern in einer Kopie zu erklären. Die Kopie ist der Windkanal. In ihm aber sind Ursache und Wirkung getauscht, so daß das gar nicht gelingen kann und es gelang ja auch nicht.

Gelungen ist nur die technische Handhabung des Fliegens. Man kann hervorragende Flugzeuge bauen. Aber, warum sie fliegen, bleibt ein Geheimnis. Und das ist Flugzeugkonstrukteuren sogar egal, denn: Technik kann immer! Wenn sie darauf warten müßte, bis die Naturerkenntnis darüber gefunden ist, was sie baut, gäbe es weder ein Navigationssystem noch Reisen zum Mond. Denn, man weiß ja auch immer noch nicht, was Gravitation ist.

Durchblick in der Natur gibt es nur,
wenn das entsprechende Obere gefunden ist.

Physikalischer Teil

Populärwissenschaft ist auch für das Fliegen nicht etwa die nur "Übersetzung" einer angeblich nur von Akademikern zu verstehenden Wissenschaft. Populärwissenschaft ist das amtliche **End**-Ergebnis allen Forschens. Denn: Die Wissenschaft ist erst dann in der Lage, Naturvorgänge populär darstellen zu können, wenn sie sie selbst erst einmal richtig erkannt hat.

Da die Natur nach einfachen Regeln funktioniert, müssen auch Erklärungen einfach versteh- und nachvollziehbar sein. Paul Dirac (Nobelpreis Physik 1933) drückte sie sinngemäß so aus: "Physikalische Theorien sind entweder kurz, oder falsch!" Daß aber die Natur nach einfachen Regeln funktioniert, ist eine Erkenntnis, die sich immer noch nicht herum gesprochen hat. Die kurze Erklärung eines Naturphänomens ist deshalb auch eine von mehreren Bewertungsmaßstäben dafür, ob eine Theorie überhaupt richtig sein kann.

Die heutige Erklärung des Fliegens ist so komplex und verworren, daß sie gar keine Chance hat, richtig zu sein. Das erfordert, daß die Suche nach der Wahrheit des Fliegens weiter gehen muß. Und dafür gilt:

Forschen ist kein Monopol für Akademiker!

Es gibt ja auch keinen Lehrstuhl für Denken Also kann ein jeder auf Augenhöhe mit dem entsprechenden Denkenkönnen hinter viele Geheimnisse der Natur kommen. Es genügen die Beobachtungen des zu Erforschenden. Und die sind beim Fliegen für jedermann machbar.
Messungen können auch helfen, sind aber niemals das alleinig Ausschlaggebende. Rechnungen können ebenfalls helfen, sind aber noch viel weniger entscheidend. Das glauben aber Mathematiker nicht, weshalb sie die Physik auch unterwandert haben. Das Ergebnis: das Durcheinander wurde und wird weiterhin größer. Deswegen gibt es inzwischen theoretisch Überirdisches bis zu 11 Dimensionen. Man muß sich wundern, wie etwas so Triviales wie Fliegen darin überhaupt noch möglich ist. Und noch mehr darüber, wie etwas so Triviales immer noch nicht richtig erklärt werden konnte!

Im Jahr 2000 forderte der Deutsche Aeroclub einen Professor auf, für das Fliegen doch endlich eine allgemein verständliche Erklärung zu verfassen. Sie steht bis heute aus. Warum fand er sie nicht?

In diesem Buch wird die richtige, verständliche, nachvollziehbare und kurze Erklärung des Fliegens geliefert.

Statisches und dynamisches Fliegen

Zur Einleitung am Anfang die grundsätzliche Aufteilung von Luftfahrzeugen. Es wird unterschieden zwischen denen, die leichter und denen, die schwerer sind als Luft.

Ballons und Luftschiffe sind Fluggeräte leichter als Luft, die in ihr schwimmen wie Fische im Wasser. Sie benötigen keinerlei Energie, um sich auf Höhe halten zu können. Deswegen steigen sie auch schon von allein auf, da sie leichter sind als das gleiche Volumen ihrer Größe an Luft wiegen würde. Jedoch nur beim Luftschiff mit seinen Propellern ist ein gezielter Richtungsflug möglich. Die unhandliche Größe und die zu langsame Fluggeschwindigkeit verhindern jedoch einen wirtschaftlichen Erfolg.

Diese Luftfahrzeuge schweben statisch, fliegen also nicht. Auch ihre eventuelle Vorwärtsgeschwindigkeit überführt den Schwebezustand nicht in einen Flugzustand. Deswegen spricht man hier von fahren. Diese Bezeichnung stammt natürlich aus der Flugvorzeit, als es nur Ballons gab und gedanklich die Kutschfahrt auf der Straße zur Luftfahrt in der Luft wurde.

Das soll zur Darstellung der ´Nicht-Flugzeuge´ genügen. Unser Interesse soll nur den Luftfahrzeugen gelten, die schwerer als Luft sind. Diese bleiben nicht statisch oben, sondern müssen sich durch Energieeinsatz oben halten.

Gegenüber dem passiven Obenbleiben in der Luft ist Fliegen also ein aktiver Vorgang. Statt der Unterscheidung statisch und dynamisch kann demnach auch passiv und aktiv als Unterscheidungsmerkmal benutzt werden.

Zum Fliegen gehört, daß das Fluggerät bzw. wie beim Hubschrauber zumindest die Flügel gegenüber der Luft immer in Bewegung gehalten werden müssen. Ansonsten würden diese Geräte abstürzen. Bereits beim Start brauchen Luftfahrtgeräte schwerer als Luft erhebliche Energie, um überhaupt erst einmal abheben zu können. Deutlich wird das an dem unüberhörbar lauteren Motorenlärm während des Startvorgangs als später in der Luft bei Reisegeschwindigkeit.

Auch Segelflugzeuge brauchen eine Starthilfe, um dann jedoch scheinbar ohne Energieeinsatz lange Zeit in der Luft fliegen können. Sie werden entweder durch eine Seilwinde, ein Motorschleppflugzeug oder mit eigenem Hilfsmotor auf Höhe gebracht. Danach aber holt sich der Segler die nötige Energie zum Obenbleiben aus dem Wettergeschehen in der Luft selbst. Findet er diese Energiequellen nicht mehr, sinkt er langsam tiefer und muß landen.

Energie aus der Luft läßt sich ausnutzen im aufsteigenden Wind an Berghängen. Ebenfalls in örtlichen wärmeren und deswegen hoch steigenden Luftströmen (Thermik), die manchmal am Boden durch die nachfließende Luft als Windhose sichtbar wird. Weiter im aufsteigenden Teil von wellenförmigen Luftschwingungen (ähnlich wie Wasserwellen über unebenem Untergrund, Fachausdruck in der Fliegersprache:" Welle fliegen"). Diese "Wellen" bilden sich unsichtbar parallel neben quer vom Wind angeblasenen ebenfalls parallelen Gebirgszügen.

Zuletzt noch die vom Albatros (Meeresvogel mit der größten Spannweite aller Vögel auf der Erde) angewandte Methode. Er nutzt die unterschiedliche Windgeschwindigkeit zwischen der abgebremsten untersten Zone dicht über der Erd-(Wasser-)oberfläche und dem vollen Wind etwas höher. Auch mittels Ausnutzung der Wellenkamm-Berge. Hierzu fliegt er in eleganten Manövern von unten aus der ruhigen Zone frontal gegen die Windrichtung nach oben und auch umgekehrt mit `Rückenwind´ in die untere mehr stehende Luft hinein. Dieser Albatrosflug ist flugtechnisch nicht nutzbar, da eine hohe Feinfühligkeit für die Windsituation der allernächsten Umgebung und hohe Wendigkeit erforderlich ist. Im übrigen wären diese Tiefflugaktionen weder erlaubt noch einem normal fühlenden Mitbürger als Passagier zuzumuten.

Nach diesem Überblick der bekannten Flugmöglichkeiten steigen wir nun gemeinsam in das Geheimnis des Fliegens ein, wobei wir darauf achten wollen, den Überblick über das Ganze nicht zu verlieren. Denn, es ist nicht möglich, weder aus einem einzigen noch mehreren beobachtbaren Teilen nahe am Flugzeug das Ganze, das Übergeordnete zu erkennen. Das geht prinzipiell nur aus der Sicht in das Ganze hinein, also von oben aus.

Es nützt dabei nichts, im Flugzeug zu erkennen, daß einem da der Wind die Ohren wegblasen will. Erst von oben, das heißt aus der Entfernung, ist zu sehen, daß nicht der Wind an den Ohren rüttelt, sondern daß die Ohren mit dem Pilot und seinem ganzen Flugzeug sich durch die Luft bewegen. Die sind aktiv, nicht die Luft!

Quelle des Mobilseins

Um auf die fundamentale Ursache der Möglichkeit des Fliegens zu kommen, gehen wir bis zu den Anfängen des Mobilseins zurück. Solange nicht physikalisch klar ist, wie etwas so Selbstverständliches wie Laufen funktioniert, werden wir das Ungewöhnliche des Fliegens auch nicht verstehen. Es beginnt weit weg von unserem Alltag. Man stelle sich einen Menschen vor, der im Weltall schwebt. Ganz allein. Was hat dieser für Möglichkeiten, etwas zu tun? Er kann schauen, er kann sich krümmen, er kann sich zwar mit viel Geschick durch Körperbewegungen seine Lageposition ändern. Das ist aber schon das Alleräußerste. Er kann sich aber nicht einen einzigen Millimeter von seiner Stelle fortbewegen.

Dieses Beispiel zeigt deutlich, daß eine Änderung unserer Lage nur durch Stützen, Drücken, Ziehen oder Drehen gegen unsere am besten feste Umgebung möglich ist. Das gilt insbesondere für die Absicht, sich fort zu bewegen. Es geht nur, wenn etwas anderes vorhanden ist, von dem man sich abstoßen kann. Beim Laufen tun wir das mit den Füßen gegen die Erdoberfläche. Dieses Abstoßen hat jedoch für das Teil, gegen das wir stoßen, auch Folgen: Es wird von uns aus gesehen zurück gedrückt. Der riesengroßen Erde merkt man das natürlich nicht an. Müssen wir aber von einem leichten Boot an Land springen, so wird dieses nach hinten gestoßen. Wir erhalten, wenn es genauso viel wiegt wie wir selbst, nur den halben Schwung nach vorn und fallen dabei womöglich ins Wasser.

Damit ist die grundlegende Erkenntnis gewonnen, daß Fortbewegungen eines Körpers ohne Kontakt zu einem anderen nicht möglich sind. Diese Voraussetzung für unsere Mobilität ist durch das Dasein auf der Erde mit ihrer Anziehungskraft auf uns so selbstverständlich, daß sie im täglichen Leben nicht mehr wahrgenommen wird. Der hypotetische einsame Mensch im All hat jedoch keine Materie in greifbarer Nähe. Also hat er auch keine Chance, sich von dieser abstoßend seinen Platz zu verlassen.

Befindet er sich jedoch in der Nähe eines Himmelskörpers, z. B. der Erde, so geschieht etwas anderes. Er wird durch deren Schwerkraft angezogen und bewegt sich deswegen auf diese zu. Je näher er ihr kommt, um so schneller. Der Vergleich beider Fälle ergibt folgendes: Ohne Anziehungskraft eines Himmelskörpers kommt unser Mensch nicht vom Fleck. Mit Erdanziehung kann er nicht an einer Stelle bleiben. Im ersten Fall fehlt ihm greifbare Masse zum Fortkommen und im zweiten fehlt ihm das gleiche, um sich vor dem Absturz zu retten.

Setzen wir unseren Menschen aber in eine Rakete, so kann er mit deren Hilfe folgendes machen: Die Rakete hat Treibstoff im Bauch. Mit deren Masse kann er nun hantieren. Stößt sich der verbrannte Treibstoff der Düse in Richtung Erde aus, so drückt dieser damit die Rakete samt Insassen von ihr weg. Wird nur soviel `Gas´ gegeben, daß die Vortriebskraft durch die nach unten geschleuderten Verbrennungsgase gleich groß wie die Anziehungskraft der Erde ist, so bleibt das Ganze in dieser Entfernung, sprich Höhe, stehen.
Wir stellen fest: Durch dauerndes Abstoßen von Masse (Treibstoffverbrennungsgase) nach unten kann sich unser Mensch in einer Höhe halten. Leider nur solange, wie der Vorrat reicht. Befindet er sich aber schon in der Lufthülle der Erde, so hat er erstmals Masse um sich herum: die Luft. Diese ist für ihn zwar nicht mit Händen und Füßen direkt greifbar, mit geeigneten Hilfsmitteln könnte er jedoch genügend davon als Abstoßmasse nach unten stoßen, um oben zu bleiben.

Die Erkenntnis daraus ist für das Flugproblem:

**Kein Gerät schwerer als Luft kann auf Höhe bleiben,
ohne dauernd Masse nach unten zu schleudern!**

Das heißt: Alle Flug-Insekten, Vögel, Hubschrauber und Flugzeuge befördern im Flug stetig Luft nach unten.
Bei unseren technischen Fluggeräten ist das am anschaulichsten beim Hubschrauber zu beobachten: Mit seinen Rotoren schaufelt er pausenlos Luft abwärts wie ein Ventilator. Einem aufmerksamen Beobachter wird es bei schwülem Wetter auch nicht entgehen, daß ihn eine dicht über seinem Handrücken fliegende Wespe oder noch besser Hummel einen deutlichen Luftstrahl nach unten auf der feuchten Hautoberfläche spüren läßt!

Was ist überhaupt Luft?

Luft ist nicht sichtbar, sie ist nicht schmeckbar und sie ist nicht fühlbar, es sei denn, man rennt oder fährt durch sie hindurch oder sie bläst einen an.

Dabei hat Luft ein Gewicht! Jeder Kubikmeter wiegt etwa 1,3 Kilogramm. Nimmt man eine große Pappe, etwa in Quadratmetergröße, und schiebt sie quer durch die Luft, so spürt man deutlich, daß da was gegen wirkt. Es ist das Gewicht der Luftmenge, die man mit der Pappe wegschieben will.

Will man mit dem Fahrrad schnell fahren, so wird das begrenzt dadurch, daß die Kraft der Luft, die man dann vor sich wegschieben muß, so groß wird, wie man nur gegen drücken kann. Bei starkem Gegenwind ist Radfahren fast wie Bergsteigen.

Hätte die Luft keine Gewicht, also keine Masse, könnte nichts fliegen. Weder Vögel, Insekten und schon gar nicht Flugzeuge.

Wäre die Luft sichtbar, so würde man hinter einem Flugzeug sehen, was es mit der Luft gemacht hat, wie im folgenden Bild zu sehen.

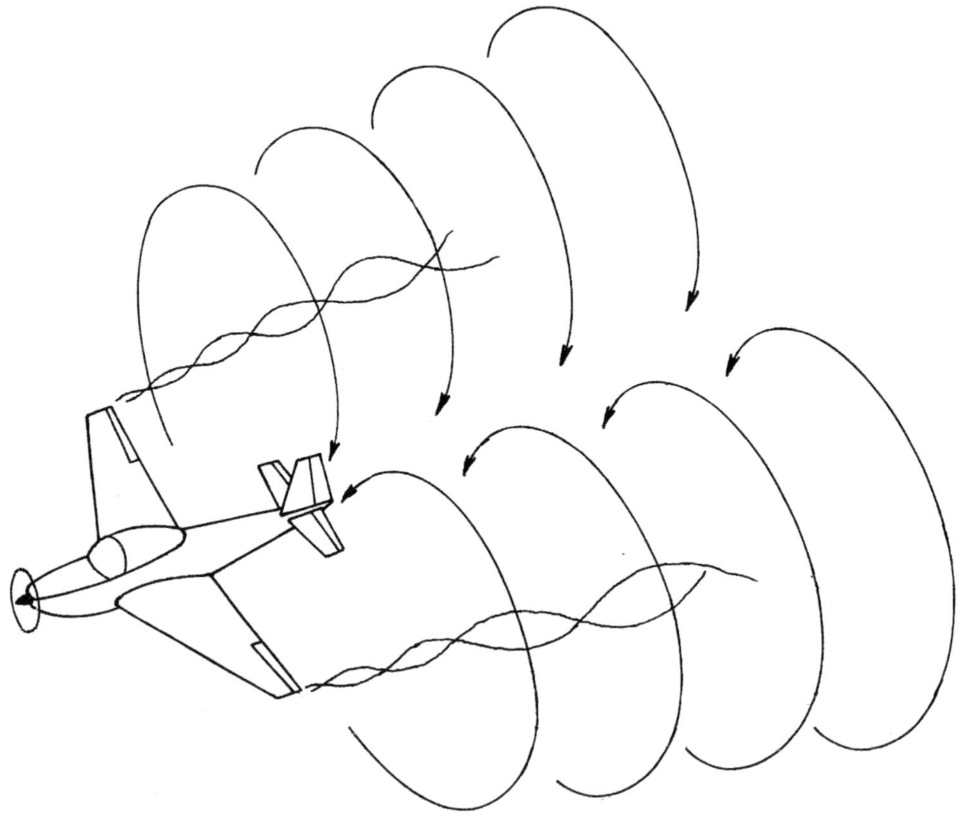

Es bringt Luft in großen Wirbeln zum Drehen. Warum Wirbel und was Ursache und was Wirkung dabei ist, ist Inhalt diese Buches und wird noch eingehend dargestellt.

Kräfte, die uns heben

In diesem Kapitel sollen die Möglichkeiten dargestellt werden, wie wir uns selbst mit eigenen Armen und/oder Beinen ohne festen Boden unter den Füßen `oben halten´ können. Das geht aus seit jeher enttäuschender Erfahrung außer im Traum natürlich nicht in der Luft. Aber im Wasser! Untersuchen wir das Geschehen dort.

Im Gegensatz zur Luft sind Reaktionskräfte bei Bewegungen darin für uns direkt spürbar. Da es physikalisch keinen Verhaltensunterschied zwischen beiden gibt, erlaubt dieser Vergleich eine fehlerfreie Übertragung auf die Luft.

Wir befinden uns im Schwimmbecken. Was interessiert, ist nicht vor- oder rückwärts zu schwimmen, sondern wir stehen auf der Stelle. Solange wir untätig bleiben, wird unser Körper so tief absinken, bis nur noch ein kleiner Teil des Kopfes herausschaut. Je mehr Luft in die Lunge eingeatmet wurde, um so mehr schaut heraus. In dieser Lage herrscht Gleichgewicht. Dem entspricht in der Luftfahrt der schwebende Ballon. Untersuchen wollen wir aber etwas anderes, nämlich den Zustand, daß der Kopf möglichst hoch aus dem Wasser ragt. Mit Hilfe des uns umgebenden Wassers (es ist ja sonst nichts da) müssen wir nun ein Absinken gegen das weiter herausragende Gewicht verhindern. Dem entspricht in der Luftfahrt das Luftfahrzeug schwerer als Luft. Es gilt also Bewegungen zu finden, um Kräfte zu erzeugen, die uns hoch heben. Diese sind bekannt.

Die Methode mit den Füßen. Wir führen eine Art Strampel- bzw. Leitersteigbewegungen durch, Wassertreten genannt: Ein Fuß nach dem anderen wird in einer möglichst senkrechten Lage nach oben und dann in möglichst flacher Lage nach unten gestampft. Wir treten in der Abwärtsbewegung im wahrsten Sinne des Wortes auf das unter dem Fuß befindliche Wasser.
Was passiert hierbei?
Beim Aufwärtsziehen gleitet der Fuß durch seine senkrechte Haltung ohne viel Widerstand nach oben. Dann kommt die möglichst schnelle Abwärtsbewegung. Die mit dem Fuß tretbare und die oberhalb des Fußes durch Saugwirkung mitgerissene Wassermenge wird nach unten beschleunigt. Beschleunigen heißt hier, diese Wassermasse aus der Ruhelage auf eine Abwärtsgeschwindigkeit zu bringen.

Das Wasser muß also angeschoben werden. Zum Schieben muß man sich aber gegen irgend etwas abstützen. Und das tut man in diesem Moment gegen das zu weit herausragende Gewicht des Kopfes. Von anderer Seite betrachtet heißt das: Durch die `Schiebe´kraft, mit der das Wasser nach unten beschleunigt wird, kann das Gewicht des Kopfes über der Wasseroberfläche gehalten werden. Daraus ist zu erkennen, daß, wenn Masse von sich weggestoßen wird (hier nach unten), diese gegen das Anschieben (Beschleunigen) zurück drückt und der Körper dadurch gehoben wird: das nennt man **Rückstoß.**

Wir können in dieser Situation im Wasser stehend soviel Körpergewicht (Kopf, Hals und vielleicht auch Schulter) aus dem Wasser hochhalten, wie wir auf Grund der Menge des hinab gestampften Wassers Rückstoßkräfte erhalten.

Für Leser, die es gern genau nehmen, eine physikalische Präzisierung. Der Rückstoß entsteht nur in der Zeit, in der das Wasser durch den Fuß aus der Ruhelage auf die Abwärtsbewegung beschleunigt wird. Wie weit es danach noch mit gleichbleibender Geschwindigkeit runter geschoben wird, spielt keine Rolle mehr.

Damit haben wir jetzt eine Lösung, in einem Medium ohne festen Halt (Wasser, Luft) Kräfte zu erzeugen, um oben zu bleiben, nämlich Teile des Mediums selbst in ihm nach unten zu beschleunigen, um Rückstoßkraft nach oben zu erzeugen.

Nun die Methode mit den Händen.
Es ist die elegantere und angenehmere: Beide Hände werden (Handflächen nach unten) vor dem Körper waagerecht etwas unter der Wasseroberfläche mit den Armen abwechselnd nach aus- und einwärts hin und her geschwenkt. In beiden Richtungen wird hier der anschließend erklärte Effekt zum Hochhalten des Körpers mit den Handflächen im Wasser erreicht. Es gibt also keine Leerbewegung wie das Hochheben der Füße beim Wassertreten. Wie funktioniert nun diese Methode?

Die Finger sind aneinander gelegt und bilden zusammen mit dem Handteller eine ebene Fläche. Nomen est omen: *Fläche* wie Trag*fläche*. Es wird sich auch gleich erweisen, daß sie uns tatsächlich trägt. (Jedenfalls im Wasser.) Der `Trick´ liegt darin, daß die Handfläche leicht schräg gehalten wird. Schwimmer machen es intuitiv richtig, nämlich so, daß das Wasser dabei nach unten gedrückt wird. Nichtschwimmern sei gesagt, daß die Schräge so sein muß, als wolle man in beiden Richtungen etwas glattstreichen und mit den Handflächen darauf aufgleiten. Die Hände werden etwas unter der Wasseroberfläche bewegt. Durch die Schräge wird das Wasser zu einer Ausweichbewegung nach unten gezwungen. Es wird also auch hier nach unten beschleunigt: Wie vorher mit den Füßen. Desgleichen wird auch auf der Oberseite Wasser mit nach unten gesogen. Auch hier hebt uns die zur Beschleunigung notwendige Kraft des Ansaugens von Wasser mit dem Handrücken ebenfalls. Schnellere horizontale Bewegungen und maßvolle Erhöhung der Schräge der Handflächen erhöht die erzeugte Rückstoßkraft nach oben und wird im Schultergelenk deutlich spürbar.

Noch einmal präzise: Die von der schrägen Handfläche beeinflußte und vorher ruhende Wassermenge unter und über der Handfläche wird durch die horizontale Bewegungsgeschwindigkeit an der Schräge entlang nach unten beschleunigt und drückt uns durch den Rückstoß hoch. Auch hier hält uns also wie bei der Fußmethode der Rückstoß der mit den Handflächen nach unten beschleunigten Wassermasse oben.

Damit sind uns nun Methoden bekannt, die es uns bei nicht festem Untergrund ermöglichen, einen Teil unseres Gewichtes gegen die nach unten ziehende Schwerkraft auf ´Höhe´ zu halten. Ganz oben, wie es ein bestimmter Wasservogel beim ´Hochzeitstanz´ machen kann, indem sie mit ihren relativ großen Schwimmfüßen durch ganz schnelles Wassertreten richtig gehend auf ihm laufen können, schaffen wir es jedoch nicht.

Die Anwendung der Handmethode durch die auflaufend gestellten Fußsohlen erlaubt dieses dennoch, wenn durch die entsprechende Geschwindigkeit mit Hilfe eines Motorbootes damit Wasserski ´gelaufen´ wird.

Dieses nunmehr erlangte Wissen läßt sich jetzt grundsätzlich übertragen auf die Verhältnisse in der Luft. Die große Erkenntnis daraus lautet:

Auch ein Fluggerät schwerer als Luft kann sich in dieser durch entsprechende Anwendung der passenden Methode oben halten!

Jedoch müssen die Bewegungsgeschwindigkeiten und die benötigten Flächen wesentlich größer sein. Auch die Tierwelt macht von den genannten Methoden Gebrauch: Ganz stilrein wenden die hübschen Kolibries und bei heimischen Vögeln am besten die Meisen mit ihren Flügeln die Handmethode an.

Das Flugzeug

Sein Aussehen ist bekannt. Der Rumpf ist zur Aufnahme von Pilot und Passagieren und zur Verbindung der Tragflächen mit den Steuerflächen für Höhe und Seite da. Diese befinden sich am Heck. Bei den sogenannten Entenflugzeugen ist das Höhenruder ausnahmsweise am Bug. dabei hilft dieses sogar mit, Auftriebskraft zu erzeugen, während das Höhenruder an normalen Flugzeugen aus Stabilitätsgründen sogar Abtrieb erzeugt. Warum? Damit das Flugzeug bei zu langsamem Flug nicht nach hinten, sondern nach vorn in des Sturzflug geht.
Allerdings gibt es auch Nurflügelflugzeuge. Sie haben keinen Rumpf oder nur eine kleine Kapsel für einen Piloten. Passagiere könnten nur in den dicken Flügeln sitzen. Es waren aber alle eher Studienobjekte, die die Unzweckmäßigkeit solcher Flugzeuge aufzeigten.

Die Hauptsache eines Flugzeugs sind natürlich die Flügel. Deswegen heißen sie ja auch so, sie ermöglichen das Fliegen.

Wie machen sie das?

Aus all dem vorher Gesagten kann es jetzt nur eine Antwort geben: Die Tragflächen müssen Luft ergreifen und nach unten schaufeln. Es ist ohne weiteres einzusehen, daß das nicht funktioniert, wenn sie ruhig in der Luft stehen. Vögel können mit ihren beweglichen Flügeln auf der Stelle losflattern. Das Flugzeug jedoch braucht einen Antrieb, der es vorwärts zieht oder schiebt, damit die starren Flügel aktiv werden können. Antriebsarten sind Turbinenmotoren mit Ausströmdüse, Turbinenmotoren mit Propeller, auch beides zusammen (die sogenannten Fan-Triebwerke) und die klassischen Kolbenmotoren mit Propeller.

Die Flügel des Flugzeuges übernehmen dann die gleiche Funktion wie die Hände im Wasser. Auch sie müssen etwas schräg nach vorn `hochgestellt´ sein. Der Winkel der Schräge zur Horizontalen wird mit `**Anstellwinkel´** bezeichnet. Damit ist die Hinterkante tiefer als die Vorderkante. Durch die Vorwärtsbewegung wird somit Luft nach unten gedrückt.

Der Umfang der beeinflußten Luftmenge ist erstaunlich groß. Es ist nicht nur das bißchen Höhe, welches sich aus der sogenannten Anstellung des Flügels ergibt. Die durch ihn zwangsweise nach unten gedrückte Luft muß die unmittelbar darunterliegende Luft mit runter drücken und so weiter.

Damit über der Flügeloberfläche nach oben hin kein Loch entsteht, fließt natürlich die darüber befindliche Luft nach. Diese ihrerseits saugt wieder die darüber befindliche an und so weiter. Darüber später mehr.

Sprechen wir zunächst über die Flügelformen. Die bekannten klassischen gera-den Flügel sind für langsamere Flugzeuge geeignet. Die nach hinten gepfeil-ten sind bei schnellen düsengetriebenen am besten. Es gilt, wie damit schon angedeutet: Je schneller, um so gepfeilter. Man kann also schon von ihrer Form auf die erreichbare Geschwindigkeit eines Flugzeuges schließen. Das dokumentiert sich am augenfälligsten an der Concorde. Sie als schnellstes Verkehrsflugzeug mit doppelter Überschallgeschwindigkeit hat die spitzeste Pfeilform. Im Prinzip ein langgestrecktes Dreieck. Im militärischen Bereich spricht man bei dreieckförmigen Flügelgeometrien Bauart von `Deltaflugzeugen´.

Zur Spannweite von Flugzeugen.
Es leuchtet wohl ein, daß mit ganz kurzen Stummelflügeln nicht mehr langsam geflogen werden kann. Die in der Breite greifbare Luftmenge wird mit kleinerer Spannweite ja weniger. Zum Ausgleich dafür muß Luft dann entsprechend schneller nach unten geschaufelt werden. Und das bedingt dann eine höhere Fluggeschwindigkeit. Bei höherer Geschwindigkeit wird Luft aber nicht nur schneller nach unten gestoßen, sondern pro Sekunde auch viel mehr, was weiter mit hilft, größere Gewichte zu tragen.
Man könnte nun meinen: Wie schön, ich will ja schnell fliegen! Leider hat die Sache aber einen Haken. Es muß auch mal gestartet und gelandet werden, ohne einen zehn Kilometer langen Flugplatz zu benötigen. Die Forderungen nach hoher Geschwindigkeit in der Luft und kleinere bei Start und Landung beißen sich aber. Das eine schließt das andere eigentlich aus. Für die Konstrukteure bedeutet es enorme Denkarbeit. Ein langsames Flugzeug mit kurzer Start/Landestrecke ist einfach zu konstruieren. Ein schnelles jedoch auf möglichst kurzer Bahn starten und landen zu lassen, führt immer zu irgend welchen Kompromißlösungen. Verkehrsflughäfen haben heute Start/Landebahnen von etwa drei Kilometern Länge.
Bei Militärflugzeugen kommt darüber hinaus noch eine Forderung hinzu, nämlich bei mittleren Geschwindigkeiten eine hohe Wendigkeit zu besitzen. Das hat auch zum Bau von schwenkbaren Flügeln geführt. Nach hinten seitlich an den Rumpf gelegt erhält das Flugzeug eine hohe Geschwindigkeit bei der dann kleinen Spannweite. Ausgebreitet ermöglichen die Flügel langsameres Fliegen mit hoher Steuerbarkeit und auch einfachere

18

Landungen auf kurzer Bahn.

Zur Flügelfläche.
Diese richtet sich nicht nur nach dem zu tragenden Gewicht. Die gewollte Geschwindigkeit spielt eine genauso große Rolle.

Beleuchten wir zwei Fälle.
Viel Flügelfläche bei kleinem Gewicht erreicht man einmal durch große Spannweite bei normaler Flügelbreite. Solche Flugzeuge haben eine kleine Geschwindigkeit. Vertreter dieser Bauart sind Segelflugzeuge. Das andere Extrem zeigt uns die Concorde mit ihrer zur Länge kleinen Spannweite, aber dennoch viel Flügelfläche. Die Flügeltiefe ist hier sehr groß. Direkt am Rumpf etwa drei Viertel der Rumpflänge. Das Gesamtgewicht dieses Flugzeugs ist hoch. Der Erfolg daraus besteht in dem gewollten enormen Geschwindigkeitsunterschied. Es besteht also die Möglichkeit, unterschiedlichen Gewichten auch unterschiedliche Flügelflächen zuzuordnen.

Bei einem Segelflugzeug muß z. B. ein Quadratmeter Flügelfläche ca. 20kg tragen. Diese Größe mit der Dimension Flugzeugmasse durch Fläche wird in der Fachwelt mit **Flächenbelastung** bezeichnet. Spitzenwerte haben der Jumbo und der europäische Jagd-Bomber Tornado von knapp über 1000 kg je Quadratmeter Flügelfläche! Die angesprochene Concorde hat etwa 400kg. Darin drückt sich auch der Kompromiß zwischen Höchst- und Lande-Landegeschwindigkeit aus. (Bei einem `Delta´flugzeug lassen sich nämlich keine Start und Landeklappen wie beim normalen Flügel einsetzen. Diese werden anschließend noch beschrieben.)

Soweit die Flügel in ihrer Grundrißform. Damit der Tragflügel nun seine Aufgabe, nämlich Luft nach unten zu beschleunigen, gut erfüllen kann, muß er auch in anderer Hinsicht richtig konstruiert sein. Mit viel Motorkraft würde auch ein Scheunentor zum Fliegen zu bringen sein, es wäre jedoch wirtschaftlicher Unsinn. Was verlangt wird, ist, mit möglichst wenig Energieaufwand (Antriebsmotor) die Luft möglichst verlustfrei nach unten zu beschleunigen. Dazu gibt man dem Flügelquerschnitt (zu sehen, wenn man seitlich neben dem Flugzeug auf das Flügelende schaut) eine bestimmte Form. Diese wird **Flügelprofil** genannt.

Dieses Flügelprofil ist im Bild am Flügelende eines Segelflugzeuges zu sehen.

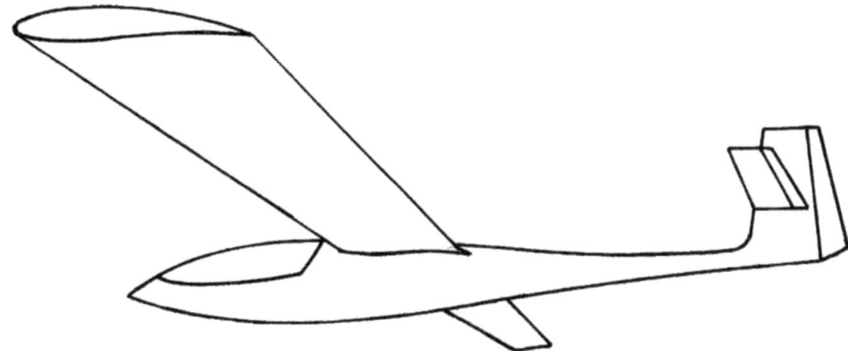

In den Anfangsjahren der Fliegerei wurde es von den Vogelschwingen abgeschaut. Es hatte nur eine Wölbung nach oben ohne Dicke. Die Vorderkante war selbstverständlich höher angeordnet als die Hinterkante. Durch endloses Probieren und gezieltes Forschen sind die heutigen Profile entstanden. Sie haben durch ihre Dicke eine unterschiedliche Ober- und Unterseite.

Flugzeuge, die langsam fliegen, haben ein deutlich nach unten zeigendes Profilende. Die Luftbeschleunigung nach unten wird dadurch erhöht, wie es im Bild zu sehen ist.

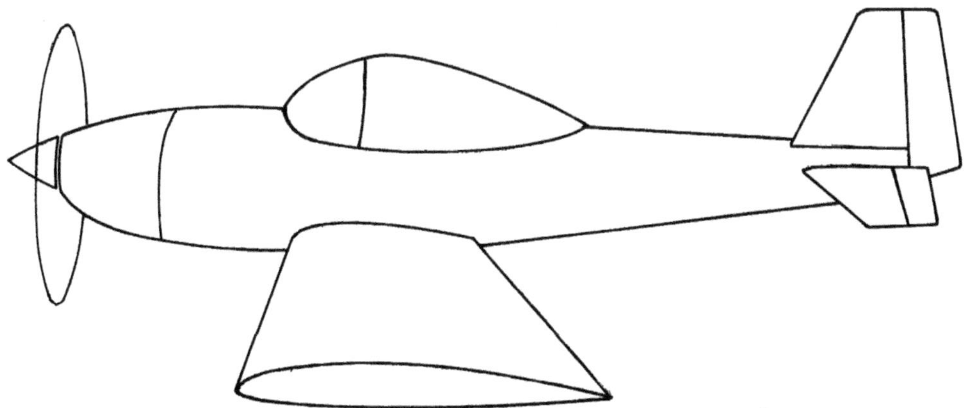

Bei Flügelprofilen für schnell fliegende Flugzeuge sieht man dem Profilende den abwärts weisenden Winkel kaum noch an, wie oben zu sehen ist.

In der Luft fliegen Motorflugzeuge meist so schnell, wie es wirtschaftlich her möglich ist. Langsamflug ist in jedem Fall eine Risikoerhöhung, da sich

dann Fehler des Piloten bei der Steuerung stärker auswirken. Für Start oder Landung ist aber eine kleinere Geschwindigkeit vonnöten. Beim Start soll das Flugzeug möglichst früh abheben und steigen und bei der Landung möglichst langsam aufsetzen. Beides hat den Vorteil, daß die benötigte Länge der Start/Landebahn kürzer wird. Das ist insbesondere dann wichtig, wenn wegen Motorausfall kein Flugplatz mehr erreicht werden kann. Es genügt dann unter Umständen eine größere Wiese.
Um das zu ermöglichen, muß das Profil der Tragflügel verändert werden können. Dafür gibt es mehrere Ausführungen.

Die einfachste und damit die Standardausführung ist, das Flügelprofilende als bewegliche Klappe auszubilden. Diese wird dann nach unten ausgeschlagen und erhöht damit die Geschwindigkeit, mit der die Luft nach unten beschleunigt wird. Der Auftrieb erhöht sich damit. Die Geschwindigkeit des Flugzeugs kann somit geringer werden, ohne daß die Steuerbarkeit oder Sicherheit gegen Fehlbedienung kleiner wird.
Diese beweglichen Klappen am Flügelende heißen **Landeklappen**, obwohl sie beim Start ebenfalls eingesetzt werden. Hierbei jedoch nicht bis zum Endausschlag, sondern etwa nur zur Hälfte.

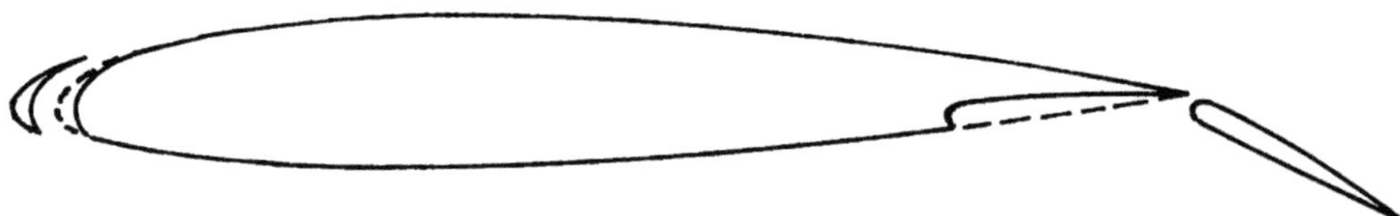

Ausschlagbewegungen nach unten und auch noch nach hinten ausfahrende Klappen erhöhen zusätzlich noch die Flügelfläche und auch damit den Auftrieb.
An der Flügelnase gibt es, wie zu sehen, ebenfalls eine Möglichkeit, bei geringerer Fluggeschwindigkeit den erforderlichen Auftrieb zu erhöhen. Im

Langsamflug ist der Flügel mit dem ganzen Flugzeug mehr nach vorn oben aufgerichtet. Die Luft quillt dabei von unten auch über die hochstehende Flügelnase zur dann stark abfallenden Flügeloberseite nach unten. Dabei hilft enorm ein kleiner **Vorflügel**, der an der Profilnase vorgefahren wird.

Alle diese Klappenelemente nennt man **Auftriebshilfen**, die bei jedem Start und jeder Landung in Anspruch genommen werden. Eine Ausnahme davon machen nur die Segel- und die sogenannten Ultra-Leicht-Flugzeuge UL. Sie fliegen generell so langsam, daß sie keiner größeren Geschwindigkeitsverringerung in der Start- und Landephase bedürfen. Hochleistungssegelflugzeuge benutzen dagegen Klappen am Flügelende, die sogar nach oben ausschlagen. Erreicht wird damit, daß das Segelflugzeug in der Luft schneller fliegen kann, um von einem Aufwind zum anderen nicht zu lange in der abfallenden Luft dazwischen verbleiben zu müssen und somit auch weniger Höhe zu verlieren. In diesem Fall nennt man diese Klappen, die genau so konstruiert sind wie Landeklappen, **Wölbklappen**.

Für die Landung sind sie auch nach unten ausschlagbar. Damit ist die Mechanik der Flügel in ihren Funktionen beschrieben, und wir können diese Details verlassen.

Fliegen durch Wirbel?

Um uns für das Folgende fit zu machen, fangen wir auch hier mit einem Erlebnis aus unserem alltäglichen Leben an. Tritt man auf sumpfigen oder breiigen Boden, so sinkt man ein. Die unter dem Schuh befindliche und fließfähige Masse kann sich aber mangels Platz nicht einfach nach unten wegschieben. Also wird sie ringsum zur Seite gedrängt und hebt dafür die neben dem eingesunkenen Schuh befindliche Masse hoch! War sie tief genug fließfähig, schließt sich der aufquellende Boden über dem Schuh wieder zusammen. Keine erfreuliche Vorstellung für einen Wanderausflug. Aber, um aus dem möglichen Schaden doch noch Nutzen zu ziehen, untersuchen wir dieses Geschehen mal wissenschaftlich. Auch ein so selbstverständlicher, unscheinbarer und natürlicher Vorgang läßt sich wissenschaftlich begründen. Genau in dieser Art strömt nämlich auch das Wasser beim Wassertreten um unseren Fuß herum! Auch dieser trifft im Wasser auf Wasser unter sich. Dieses verdrängt dann das darunter befindliche auch zur Seite. Rund um den Fuß quillt es dann an allen Seiten nach oben. Dort wird durch die Abwärtsbewegung des Fußes Platz geschaffen, der aufgefüllt werden kann. Also entsteht eine fortlaufende Verschiebung von Wasser von unterhalb des Fußes nach seitlich hoch bis oberhalb des Fußes. Es entsteht eine kreisförmige Strömung.

Und dieses Fließen um einen Mittelpunkt (unseren Fuß) herum nennt man eine Wirbelströmung oder einfach nur einen Wirbel. Was das für eine Bedeutung für das Fliegen hat, wollen wir nun gleich erfahren. Zunächst aus der Perspektive von vorn. Dazu schauen wir dem auf uns zu kommenden Flugzeug entgegen. Wie wir schon wissen, wird Luft auf der ganzen Breite seiner Flügel nach unten beschleunigt, und zwar mit ihren Unter- und Oberseiten, jede auf ihre eigene Art.

Die Unterseite schiebt sie hinab. Dazu muß die unter ihr befindliche Luft natürlich mit weggeschoben werden. Also führt das dann zwangsläufig auch zu einem seitlichen Fließen nach außen und dort weiter nach oben. Der gleiche Vorgang wie unter unserem Fuß oder Schuh! Wie im Bild zu sehen ist, sieht es aus, als treibe ein Keil aus Luft die umgebende Luft unter dem Flugzeug auseinander. Der Bereich der sich tatsächlich abwärts bewegenden Luft geht bis in eine Entfernung von mindestens einer Spannweite nach unten. Die Abwärtsgeschwindigkeit nimmt jedoch mit zunehmendem

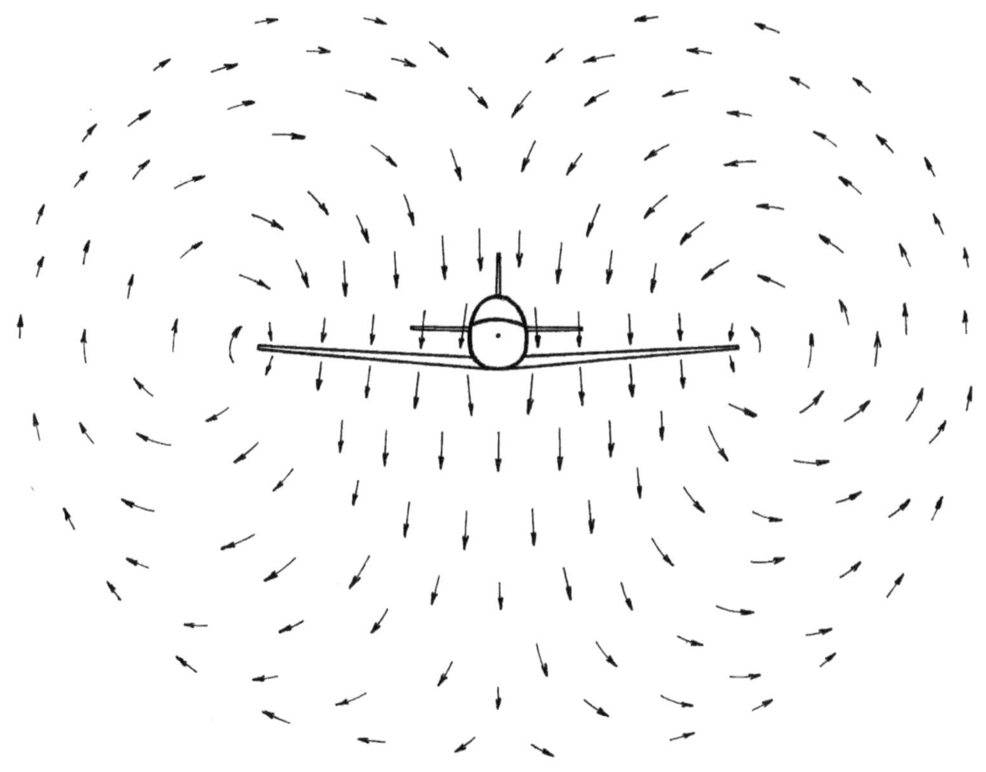

Abstand unter den Flügeln ab, bis keine Bewegung mehr zu sehen ist.

Ein ähnliches Bild ergibt sich auch über den Flügeln. Hier wird die Luft von oben angesaugt. Man könnte den Vorgang des Nachfließens auch hier in der Art wie vorher beim Wegschieben durch den Überdruck erklären. Machen wir es diesmal aber etwas wissenschaftlicher.
Jeder entstehende Unter-(Über-)Druck teilt sich der angrenzenden Luft sofort mit Schallgeschwindigkeit mit. Das führt somit für die Flügeloberseite nach Entstehen des Unterdruckes zu einem sofortigen Nachfließen von Luft aus allen Richtungen! Weil sich die Überdruckwirkung von der Flügelunterseite her ebenfalls ausbreitet, kommt dann, was kommen muß: Die Luft, die unten zuviel wird, findet den Weg nach oben, wo sie durch den Sog Nachholbedarf hat. Der Weg geht kreisförmig von der Unterseite eines jeden Flügels nach außen neben seinem Ende hoch und von oben wieder herunter

auf die Flügeloberseite. Es entstehen zwei riesengroße Wirbel um die Flügel herum.
Geben wir ihnen ihren Namen: die **Flügelwirbel**.

Diese Wirbel bestehen hinter einem Flugzeug auf seiner Flugbahn und werden als Wirbelschleppen bezeichnet. Sie stellen für durch sie hindurch fliegende Flugzeuge eine gewisse Gefahr dar.

Es ergibt sich somit, daß ein Flugzeug die Luft in einem weiten, aber begrenzten Raum um es herum in Bewegung versetzt. Da das für unser Auge aber unsichtbar geschieht, ist der Vorgang immer noch im Stadium der Erforschung.
Der hier geschilderte Raum der bewegten Luftteile ist deshalb auch weitaus größer als der in den Ausbildungsgrundlagen für Piloten beachtete Umfang. Die hier konkretisierten Flügelwirbel z. B. kommen darin gar nicht vor.

Sprechen wir nun von ihrer Größe. Wie mit einem Blick zu sehen ist, entspricht der Radius der Wirbel zur Flugzeugmitte hin der einfachen Flügellänge. Nach außen hin geht er jedoch auch noch darüber hinaus. Das Flügelende ist der Mittelpunkt der so entstehenden Wirbelströmung. Somit läßt sich feststellen, daß die Wirbelgröße nur von der Flugzeugspannweite abhängt! Das bedeutet, daß bei Flugzeugen mit gleicher Spannweite der Bereich der bewegten Luftmasse gleich groß ist, egal, wie schwer sie im Einzelnen sind. Eine eher verwunderliche Tatsache! Denn: Ein Flugzeug von z. B. 14 m Spannweite kann ein leichter Segler von 300 kg Masse oder ein Bomber mit 28 Tonnen Gewicht sein! Ein riesiger Unterschied von fast dem Einhundertfachen!! Das muß sich dann aber doch auch irgendwie in den Wirbeln dokumentieren?
Wenn die Größe der Wirbelradien vom Gewicht des Flugzeuges unabhängig ist, dann muß es für die Kompensierung eines größeren Gewichtes zwangsläufig etwas anderes geben.

Halten wir uns wieder das Bild des auf uns zu fliegenden Flugzeugs vor Augen. Es hat nur die Möglichkeit, in der Breite seiner Spannweite auf die Luft einzuwirken. Also muß dann bei größerem Gewicht diese Einwirkung auch größer sein. Was kann dafür in Betracht kommen?
Man erahnt es vielleicht schon: Wenn die Luftmenge bei höherem Gewicht nicht mehr wird, dann eben die Geschwindigkeit, mit der sie bewegt wird. Genauso ist es auch. Für den Wirbel bedeutet das eine schnellere Drehung

bei höherem Flugzeuggewicht.

Damit haben wir nach der Größe die Rotation der Wirbel erkannt. Und deren Drehgeschwindigkeit hängt nun, wie gesehen, vom Gewicht des Fluggerätes ab.

Fachleute haben es gern, wenn Abhängigkeiten möglichst auf nur eine dafür auslösende Größe zu beziehen sind. Für die Drehgeschwindigkeit der Wirbel läßt sich dieser Bezugswert bestimmen. Wie sich schon zeigte, muß er mit dem Gewicht im Verhältnis zur Spannweite zusammenhängen. Das ist hier sogar in der einfachsten physikalischen Form der Fall. Teilt man das Flugzeuggewicht durch die Spannweite, so erhält man den Gewichtsanteil pro Meter Flugzeugbreite. Auch hierfür einen sinnvollen Namen: Die **Spannweitenbelastung**.

Dieser Begriff ist zumindest für Piloten neu. Der Sinn dieser physikalischen Größe ist weniger eine Aussage über das Flugzeug selbst, als über die `Belastung´ der das Flugzeug tragenden Luft! Die Spannweitenbelastung gibt an, wieviel Gewicht auf einem Meter Breite der Flugbahn (identisch mit der Spannweite des Flugzeuges) von der Luft zu tragen ist. Passend dazu stellt sich dann die zugehörige Drehgeschwindigkeit der Flügelwirbel von selbst ein. Der Zusammenhang zwischen Flugzeuggewicht und Rotationsgeschwindigkeit ist aber nicht proportional! Er verhält sich aber erfreulicherweise umgekehrt wie unsere Steuerabgabe. Diese ist progressiv, das heißt, je größer das Einkommen um so noch größer wird der Steuerzuwachs. Die Luft im Wirbel jedoch wird um so weniger schneller (degressiv), je höher das Gewicht des Flugzeugs beträgt. Warum? Weil die Rückstoßkraft von Massen quadratisch zur Geschwindigkeit steigt. Fachleuten sei gesagt, daß die Verwendung der Flächenbelastung zur Ermittlung der Flügelwirbelintensität falsch ist. Diese sagt aus, wieviel Gewicht ein Quadratmeter Flügelfläche zu tragen hat. Die damit gewonnenen Ergebnisse würden für die Drehgeschwindigkeit der Wirbel beim Vergleich von z. B. Jumbo und Concorde die tatsächlichen Werte umkehren. Bei Schwenkflüglern würden die Unterschiede bei variablen Spannweiten gar nicht aufgezeigt!

Neben der Größe und dem Flugzeuggewicht gibt es aber noch einen dritten Einfluß auf die Flügelwirbel. Selbst beim gleichen Flugzeug und demselben Fluggewicht ist die von den Flügeln erzeugte Rotationsgeschwindigkeit der Luft in den Flügelwirbeln nicht immer die gleiche.
Warum?
Die Menge der in einer Sekunde bei Normalgeschwindigkeit abwärts be-

schleunigten Luft hat eine bestimmte Größe. Ebenso die Geschwindigkeit der Abwärtsbewegung. Fliegt das Flugzeug dann aber langsamer, so kommt es in gleicher Zeit nicht mehr so weit voran. Das bedeutet somit in der Folge, daß es in jeder Sekunde weniger Luft nach unten bewegt. Weniger Luft und nur mit der gleichen Abwärtsgeschwindigkeit erzeugt aber nicht mehr so viel Auftrieb!

Die Folge wäre ein `Absacken´ des Flugzeugs. Damit das Flugzeug dadurch nicht an Höhe verliert, erhöht der Pilot einfach den Anstellwinkel der Flügel, indem er das ganze Flugzeug mehr `hochnimmt´: Die Flügelnase zeigt schräger nach oben: Der Anstellwinkel vergrößert sich. Die Folge davon ist, daß die Flügel Luft auf eine höhere Abwärtsgeschwindigkeit beschleunigen und somit den Auftriebsverlust wieder kompensieren.

Ergebnis: Eine kleinere Fluggeschwindigkeit hat damit den gleichen Einfluß auf die Drehung der Flügelwirbel wie ein größeres Gewicht. In beiden Fällen wird die Drehung der Flügelwirbel schneller!

Wir fassen zusammen:

Erstens:

Die Größe der Flügelwirbel wird allein durch die Geometrie des Flugzeugs bestimmt. Ihre Durchmesser sind mindestens so groß wie die Spannweite des Flugzeugs.

Zweitens:

Die Drehgeschwindigkeit (Intensität) der Flügelwirbel hängt nur von der Geschwindigkeit der abwärts beschleunigten Luft ab. Das bedeutet, daß die Drehung bei höherer Beladung und bei Langsamflug schneller wird.

Erforschen wir nun die Auswirkungen der Flügelwirbel. Zunächst die, die für das Flugzeug selbst Bedeutung haben. Der `Kreisverkehr´ im Flügelwirbel muß ja angeschoben werden.

Wer tut das? Natürlich das Flugzeug.

Mit welcher Kraft? Mit seinem Gewicht!

Damit drückt es auf die Luft.

Und nun kommt Newton. Nicht persönlich, aber mit seinem Gesetz von actio gleich reactio.

Wenn eine Kraft auf etwas einwirkt, kann das nur geschehen, wenn das Etwas auch eine gleich große Gegenkraft erzeugen kann.

Das Etwas ist die Luft, die das Flugzeug nach unten und in Folge damit im gesamten Flügelwirbel in Bewegung versetzt.

Diese gesamte Luftmasse wehrt sich gegen ihre Bewegungs**änderung** mit ihrer Massenträgheit, so daß eine Rückstoßkraft auf die Flügel zurück wirkt. Diese ist die Auftriebskraft bzw. in Kurzform der Auftrieb.

Jedes in den Flügelwirbeln in Bewegung versetzte Luftteilchen drückt entsprechend seiner erhaltenen Beschleunigung zurück auf den Flügel!
Selbst die außen neben dem Flügel indirekt nach oben angestoßene Luft bringt dem Flugzeug durch ihren Rückstoß Auftrieb!
Es ist, als ob das Flugzeug beim Vorwärtskommen mit seinem Gewicht durch seine Flügel auf jeder Seite dauernd eine neue `Scheibe´ Flügelwirbel an die im Augenblick zuvor erzeugte anhängt.

Bilanz für das Fliegen-Können:

Die gesamte vom Flügel beschleunigte Luftmenge in den Flügelwirbeln erzeugt Rückstoßkraft und trägt damit das Flugzeug!

Die Flügelwirbel am rechten und linken Flügel sind übrigens durch nichts zu verhindern! Sie stellen ja die Masse dar, die vom Flugzeug in Bewegung versetzt werden **muß**.

Das Muß des Luft in Bewegungversetzens von Luftmasse ist das eigentliche Geheimnis des Fliegens!

Nun zu einem nicht unwichtigen Detail in den Flügelwirbelzentren. Hier ist die unmittelbare abrupte Grenze zwischen der abwärts fließenden und der nebenstehenden ruhenden Luft. So lange, wie der Flügel noch da ist, kann der Wirbel aber nicht entstehen. Aber unmittelbar hinter ihm rauscht die Luft auf der Breite der Spannweite nach unten und drückt dafür neben sich Luft hoch, so daß aus der Verbindung der beiden die Flügelwirbel entstehen. Im Zentrum der Wirbel, also auf der Fluglinie der Flügelspitzen, ist die Drehgeschwindigkeit der Wirbel natürlich am größten. Wegen dieser Auffälligkeit sind sie schon lange bekannt. Man nennt sie **Randwirbel**.
Diese sind aber nur der Kern der großen Flügelwirbel, von deren Existenz man lange Zeit keine Ahnung hatte. Erst als es Unglücke mit Toten gab, wurde man aufmerksam.

Bei hohen Spannweitenbelastungen haben die Randwirbel den Charakter von Windhosen, wie man sie im Sommer zuweilen über staubigem Untergrund sehen kann. In ihrem Kern herrscht Unterdruck, der durch die Fliehkraft der schnell kreiselnden Luft entsteht.

Bei feuchter Luft und hoher Spannweitenbelastung kann sich im Wirbelkern durch den dortigen Unterdruck ein kurzzeitiger Nebelstreifen bilden. Er darf nicht mit den sogenannten `Kondensstreifen´ verwechselt werden. Diese entstehen durch die Motorenabgase in höher liegenden feuchten Luftschichten.

Gleichartige Randwirbel entstehen bei feuchter Luft und hohen Geschwindigkeiten an den äußeren Enden der Heckspoiler von Formel 1-Rennwagen kurze Nebel`zöpfe´! Diese Heckspoiler sind ebenfalls Tragflächen, nur umgekehrt eingebaut, so daß sie keinen Auftrieb sondern Abtrieb erzeugen.

Wir wollen auch nicht auslassen, daß es eine Flugphase gibt, in der die Randwirbel ganz extrem ausgebildet ist. Wird ein Flugzeug z. B. nach einem vorangegangenen Sturzflug wie bei Kunstflugmanövern stark `abgefangen´, so erhöht sich durch die dabei entstehende Fliehkraft sein Gewicht auf ein Vielfaches! Also wird die Wirbeldrehung im Randwirbel äußerst rasant! Damit auch der Unterdruck darin. Dieser führt dann zu besonders intensiven Nebelstreifen!

Auf einen ganz wichtigen Unterschied zwischen dem Randwirbel als Kern des Flügelwirbels und diesem selbst muß jetzt hingewiesen werden. Die großen Flügelwirbel drehen sich eher gemächlich, innen zwar schneller und nach außen hin langsamer werdend. Dabei bleibt die Luft in ihrem Innern jedoch ruhig und verschiebt sich auf dem Radius von Abstand zu Abstand nur leicht gegeneinander. Der Fachmann spricht in einem solchen Fall von laminarer Strömung. Der Randwirbel dagegen ist in ihrem Inneren turbulent. Das heißt, es gibt darin in chaotischer Anordnung Einzelwirbel.

Diese sind aber schädlich. Ihre zur Entstehung aufgewandten Anschubkräfte wirken durch die außer Kontrolle geratenen Drehrichtungen nicht mehr als Auftrieb zurück. Die für ihre Existenz aufgebrachte Energie wirkt sich indirekt als eine Widerstandserhöhung aus, also bremsend auf das Vorwärtskommen der Flügel. Das Flugzeug braucht schlichtweg mehr Treibstoff, oder es fliegt bei gleichem Treibstoffverbrauch langsamer.

Der Aerodynamiker spricht hier von induziertem Widerstand durch Turbulenzen. Auf den Randwirbel als innersten Teil des Flügelwirbels kann bedingt Einfluß genommen werden, was ja für den Flügelwirbel als Ganzes nicht möglich ist. Ziel hierbei ist, die Turbulenzen zu minimieren. Lösungen hierfür sind zum Einen die Gestaltung der Flügelform. Z. B. haben die

Flügel der Dornier 328 im Grundriß nach neuester Technologie Sichelform an den äußeren Enden. Die Flügelvorderkante läuft im Bogen nach hinten. Damit wird eine Verkürzung der Flügelbreite (Profillänge) am Ende erzielt. Dies führt zur örtlichen Verminderung der um das Ende herum strömenden Luftmenge, aus der der Randwirbel ja besteht. Zum Andern die Anbringung von einem zusätzlichen schmalen kurzen Flügel nach oben am Hauptflügelende: die sogenannten ´Winglets´. Die Entwicklung ist hier aber wohl noch nicht am Ende.

Damit sind uns nun der Hauptwirbel, den ein Flugzeug erzeugt, bekannt. Im folgenden Kapitel werden seine Auswirkungen nach außen vorgestellt. Zuvor zur konkreten Veranschaulichung nur an dieser Stelle des Buches ein paar Zahlenbeispiele. Die Spannweitenbelastung aus der Flugzeugmasse beträgt bei einem Segelflugzeug etwa 20kg/m. Bei Motor- und Geschäftsflugzeugen (auch mit Düsenantrieb) um 500 kg/m. Bei militärischen Jagdflugzeugen ein Bereich um 2000 kg/m, bei Bombern bis 5000kg/m. Der Jumbo liegt bei 6100 kg/m. Die Spitze erreicht die Concorde mit 7250 kg pro Meter Spannweite. Das bedeutet nichts anderes, als daß bei ihr auf jedem Meter der Flügelbreite Luft mit einer Kraft von über 7 Tonnen nach unten beschleunigt werden muß! Das erzeugt hier auch die intensivsten Wirbel aller dem Autor bekannten Flugzeuge.

Noch eine anderes Zahlenbeispiel.
Betrachten wir das größte Verkehrsflugzeug, den `Jumbo´ der Fa. Boeing mit seiner Spannweite von über vierundsechzig Metern. Die von ihm beschleunigte Luftmasse für den Auftrieb einschließlich Flügelwirbel liegt in einem Radius von mindestens einer Spannweite um seine Rumpfachse herum. Das ist ein Kreis von 128 Meter Durchmesser. Die zugehörige Fläche bemißt sich damit zu knapp 13.000 Quadratmetern. Bei Startgeschwindigkeit legt der `Jumbo´ ca. 70 Meter in der Sekunde zurück. Die Luft hat etwa eine Masse von 1,25kg je Kubikmeter. Daraus errechnet sich folgendes: Die Fläche der beschleunigten Luft mal dem Weg in einer Sekunde mal dem Gewicht der Luft ergibt die bewegte Luftmasse in dieser Zeit. Das sind hier um 1.000.000 kg.

Resultat: Dieses Flugzeug mit einer Startmasse von fast 400 Tonnen stützt und hängt sich in jeder Sekunde beim Start auf bzw. an eine beschleunigte Luftmasse von etwa dem Zweieinhalbfachen, hier 1000 Tonnen!

Luft hat also ebenso wie Wasser zwar keine Balken, dafür aber ein doch ausreichendes Gewicht! Wie man sieht, sind selbst solch schwere Fluggeräte ohne Mühe in der Lage, sich **kinetisch** durch Luftmassenabstoßung nach unten in ihr aufzuschwingen und sicher darin zu bewegen. Immerhin wird das Flugzeuggewicht schon beim Start von mehr als dem doppelten Luftgewicht getragen. Im Reiseflug später vom bis zum Zehnfachen, bei der Concorde dem Zwanzigfachen. Das sollte doch einiges an Vertrauen für ängstliche Flugpassagiere schaffen können.

Hinter dem Flugzeug

Hinter einem Flugzeug ist die von ihm beeinflußte Luft natürlich noch nicht sofort zur Ruhe gekommen. Jeder Flügel hat auf seiner Seite Luft in Drehung versetzt. Daraus sind nun lange Luftwalzen entstanden. Diese berühren und drehen sich gegeneinander. Jede "Walze" hat einen Durchmesser von mindestens der Flugzeugspannweite. Der innere abwärts strömende Bereich

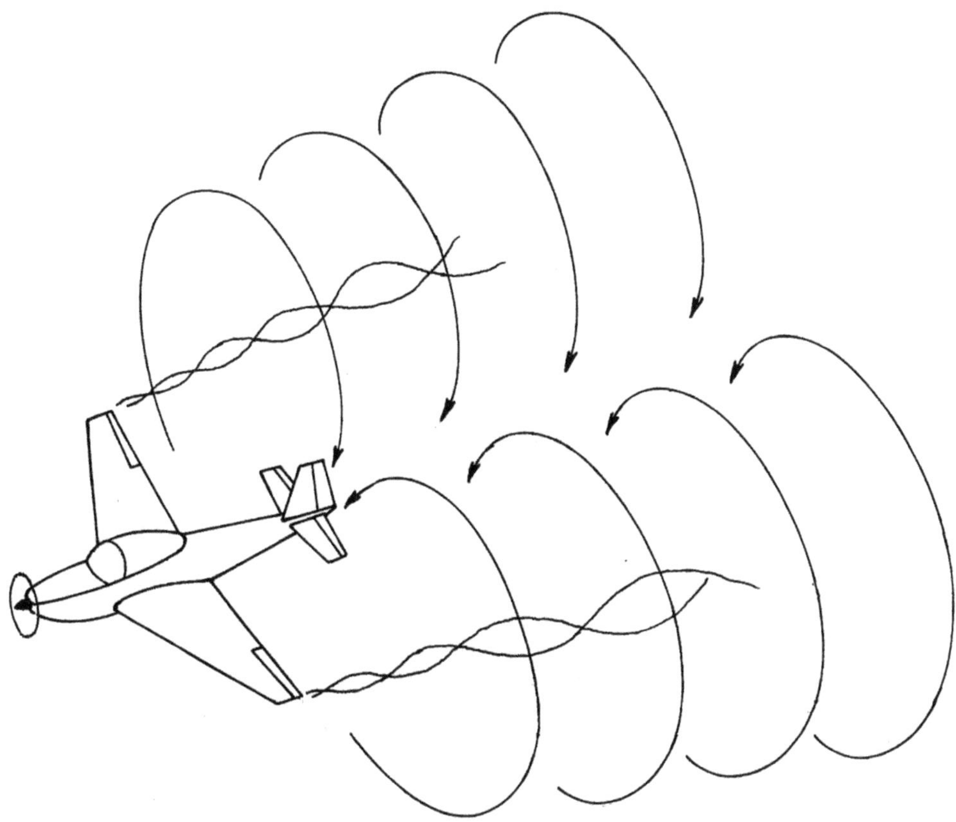

ist die ursächlich vom Flugzeug nach unten beschleunigte Luftmasse. Sie behält diesen Abwärtstrend dauerhaft bei.

Daß sie der Auslöser der beiden Luftwalzen ist, erkennt man daran, daß sie sich zwischen den beiden Wirbelwalzen nach unten heraus drückt. Damit zieht sie die Wirbel über sich mit nach unten. Die Unterseite der Wirbelschleppe baucht sich dadurch leicht nach unten aus. Auf der Oberseite sieht man dagegen den sich in der Mitte zwischen berührenden Walzen ergebenden Einschnitt. Daß sich die Wirbelwalzen nach unten bewegen, ist der Beweis dafür, daß ein Flugzeug Luftmasse nach unten stößt. Würden die Wirbel dadurch entstehen, weil sich die Druckunterschiede von Überdruck unter und Unterdruck über dem Flügel ausgleichen würden, so, wie es gelehrt wird, könnten sie nicht absinken. Denn: Die Massen der Luftwirbel haben etwa die Größe wie die des Flugzeuges. Und eine solch große Masse geht nicht wohin, wenn sie nicht auch nach dort hin angeschoben wurde.

Die Durchmesser der beiden Walzen vergrößern sich im Weiteren stetig, da an den Außenrändern immer mehr Luft zusätzlich mitgenommen wird. Als Folge davon erkennt man in der Draufsicht ein Auseinanderspreizen. Durch den dauernden Massenzuwachs drehen sich die Flügelwirbel dann zwangsläufig immer langsamer und senken sich auch weniger schnell nach unten. Letztendlich kommt das Ganze nach einer längeren Zeit durch Reibung mit sich selbst zur Ruhe. Der Zeitraum kann über eine Stunde betragen!

Nehmen wir den Beobachtungsstandort im Flugzeug ein, so werden wir feststellen, daß das Flugzeug eine fast endlose Wirbelschleppe hinter sich erzeugt.

Damit sind uns nun die Luftwalzen hinter dem Flugzeug bekannt. Sie werden allgemein als **Wirbelschleppen** bezeichnet und stellen eine große Gefahr für hindurch fliegende Flugzeuge dar.

Betrachten wir jetzt ihre Auswirkungen auf die Umgebung. Bei Start und Landung fliegt das Flugzeug so tief, daß die Flügelwirbel in voller Intensität auf dem Boden aufliegen. In dieser Flugphase sind sie durch die langsame Fluggeschwindigkeit auch noch besonders drehintensiv. Die Folge davon sind auf beiden Seiten zwischen Flugzeug und Boden nach außen wehende Winde. In der Antarktis fallen dadurch, begünstigt durch den rutschigen Untergrund, neben der Landebahn reihenweise die Pinguine um! Und die Fachleute rätseln! Warum?

Neben einem landenden, die Luft wenig belastenden leichtgewichtigen Segelflugzeug merkt man jedoch nicht den geringsten Luftzug. Folgt ein Flugzeug einem anderen im Landeanflug hinterher, so kann es in Lageschwierigkeiten geraten, wenn es in die Flügelwirbel hineingerät. Ist das folgende ein kleines Sportflugzeug, das in die Flügelwirbel eines die Luft hoch belastenden `Großen´ einfliegt, so wird es wie ein Blatt Papier herum geworfen! Das hat in der Vergangenheit, als man das noch nicht wußte, schon Menschenleben gekostet. Selbst ein neben der Startbahn wartendes Kleinflugzeug wurde bei der Landung eines großen Verkehrsflugzeuges schon aufs `Kreuz´ gelegt! Auch gleich große Verkehrsflugzeuge müssen im Landeanflug zum Flughafen einen Mindestabstand zum voraus landenden einhalten. Dieser ergibt sich aus der Zeit, in der die Wirbel des zuvor landenden Flugzeugs weit genug nach unten abgesunken sind. Das folgende fliegt dann über sie hinweg.

Zum Abschluß des Kapitels zwei Blicke in die Natur. Es gibt durch die Außenwirkung der Flügelwirbel auch ein Positivum: Der Zug der Schneegänse ist wohl nicht unbekannt. Ihr Formationsflug in der Form einer 1 bzw. eines V ist unübersehbar.
Warum aber machen sie das so?
Vögel als flugfähige und fühlende Wesen haben spürbaren Kontakt zu der sie tragenden Luft. Sie merken beim nahen Parallelflug nebeneinander jeden Unterschied in Geschwindigkeit und Höhe ganz genau. Daß es sie direkt hinter der unmittelbar voraus fliegenden nach unten drückt, dürften sie am schnellsten erfühlt haben. Am Ende haben sie dann die Position zur vorderen entdeckt, wo es sich am leichtesten hinterher fliegen läßt. Die walzenförmigen Flügelwirbel haben ja außen neben den Flügelenden aufsteigende Luftströmung. Und genau dort folgen die Nachfliegenden den Vorausfliegenden! In der sich dort `hebenden´ Luft haben sie es leichter! Allerdings muß auch der Schlagrhythmus übereinstimmen, da die Flügelwirbel nicht kontinuierlich vorhanden sind. Bei aufmerksamer Beobachtung stellt man dauerhafte Bemühungen für eine Schlagsynchronität fest.
Nun noch ein Beispiel für sichtbare Luftwalzen, die genau denen entsprechen, wie sie Flugzeuge verursachen. Schaut man zu Industrieessen (Schornsteinen) oder Kühltürmen hinauf, wie dort Rauch bzw. Wasserdampf herausquillt und mit dem Wind fortgetragen wird, so erkennt man ebenfalls zwei von außen nach innen sich gegensinnig drehende und in der Mitte sich berührende Walzen. Beide wachsen auch im Durchmesser an und verbreitern damit stetig die Rauch- bzw. Wasserdampffahne. Am Ende fasern sich beide Wirbel in Zopfform aus, da sich der Rauch ins Unsichtbare fein verteilt hat bzw. der Wasserdampf seinerseits verdunstet ist.
Die Verhältnisse sind hier gegenüber denen am Flugzeug vertauscht. Der aus dem Schornstein bzw. Kühlturm austretende Abluftstrom nach oben entspricht beim Flugzeug dem Abwärtsstrom nach unten. Der Wind in Schornsteinhöhe entspricht der Fluggeschwindigkeit. Wie man sieht, ergibt sich hierbei das gleiche Bild wie bei den Flügelwirbeln, nur mit dem Unter-

schied, daß oben und unten vertauscht sind. Es bilden sich in Windrichtung zwei nebeneinander liegende, im Durchmesser anwachsende, steigende und durch den Wind langgezogene Walzen. Der Einschnitt dazwischen ist hier auf der Unterseite zu beobachten. Während ihre Oberseite durch den in der Mitte aufsteigenden Abluftstrom eine flache Ausbuchtung nach oben zeigt. Durch das Anwachsen der Wirbeldurchmesser wird die Rauch- oder Nebelkonzentration jedoch immer kleiner, bis sie nicht mehr sichtbar sind.

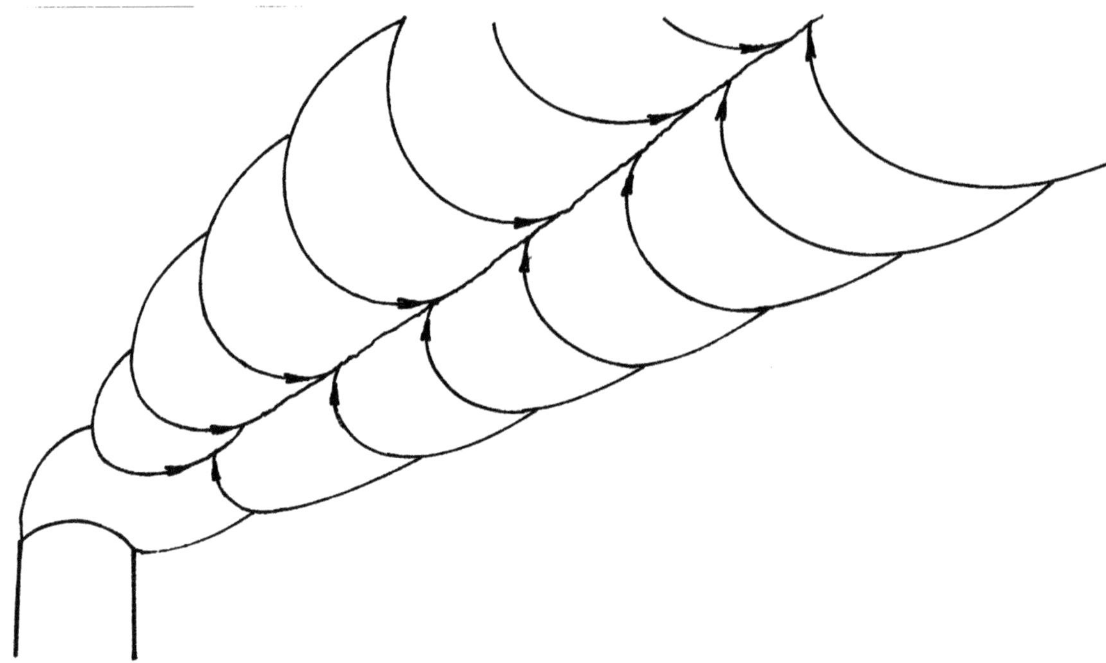

Bei unruhigem Wetter mit böigem, zu schwachem oder zu starkem Wind kommen diese Wirbelformationen jedoch nicht zustande.

Wirbelentstehungen

Wirbel sind in der Physik eine sehr undurchschaubare Sache. Die Flügelwirbel am Flugzeug sind in ihrer zuvor beschriebenen Entstehung der Lehre auch völlig unbekannt. In der Ausbildung von Piloten und Aerodynamikern werden sie als Folge von Druckausgleichströmungen angesehen. Das erscheint auch sehr logisch, trifft die Wirklichkeit aber leider nicht. Die Natur funktioniert allzu oft nicht so, wie ihre Erscheinungen aussehen. Und wenn alles nur so wäre, wie es ausschaut, bräuchte man auch gar keine Forschung mehr.

Das Hauptproblem der Durchschaubarkeit von Wirbeln ist, daß die Fluide und Gase meist unsichtbar sind. Aber selbst dann, wenn sie durch Rauch oder Schmutz sichtbar werden, offenbart sich die Wahrheit ihrer Entstehung nicht direkt.
Wie entstehen Wirbel?

Der heutige Wissensstand scheint so zu sein, daß, wenn es um Wirbel geht, der Verstand anscheinend mit wirbelt. Es geht recht durcheinander in der Lehre.
Wirbelgeschehnisse sind in der Physik ein eigener Bereich, so, wie auch Wellen ein eigener Bereich sind. Wenn es um Wellen geht, ist die für ihre Entstehung maßgebende Ursache bekannt: Wellen sind Schwingungen eines Mediums. Eine solche Grundursache muß es auch für Wirbel geben. Der Lehre ist aber noch keine bekannt.

Was führt **prinzipiell** zur Entstehung von Wirbeln?

Wirbel entstehen durch Reibung an Berührungsflächen sich unterschiedlich gegeneinander bewegenden Gasen/Fluiden.

Man stelle sich vor, daß zwei Reihen von Tänzern gegeneinander vorbei laufen und sich dann mit den Armen einhaken, was die Reibung symbolisieren soll, so drehen sich jeweils zwei Paare umeinander herum, was einen Wirbel repräsentiert. Da viele Tänzer hintereinander sich einhaken, entstehen auch viele Paardrehungen, also im übertragenen Sinne Wirbel.

Ein echtes Beispiel, das aber nur noch Ältere kennen: In der Eisenbahn entsteht bei geöffneten Fenster ein Wirbel mit senkrechter Drehachse in der Fenstermitte. Warum? In der Fensterfläche berühren sich die Außenluft und die im Zug mitgenommene Luft gegeneinander. Die Innenluft bewegt sich mit dem Zug vorwärts, die Außenluft steht still. Damit gibt es eine gegenseitige Bewegung zweier Lüfte. Da das Fenster nicht sehr lang in seiner Breite ist, entstehen nicht wie bei den Tänzern mehrere Wirbel hintereinander, sondern nur einer. Die Außenluft und die Innenluft verhaken sich wegen der Reibung miteinander und damit entsteht ein Wirbel, der vorn am Fenster Luft hinaus und hinten Luft hinein in das Zugabteil blasen läßt. Befinden sich Staub- oder gar Glutteilchen aus der Feuerung der Lok in der Luft, so prallen diese auf den nach vorn Schauenden hinten neben dem Fenster Sitzenden.

Strömt ein schneller Fluß in einem kleinen Winkel in einen langsamer fließenden (auch umgekehrt), so bildet sich eine Wirbelkette an der Grenzlinie der noch unvermischten Flußwässer nach dem Vorbild der Tänzer. Auf der Wasseroberfläche zeigen sich eine Reihe von kreisenden Dellen.
Im ganz großen Bereich gibt es eine sehr lange Berührungslinie zwischen polarer Luft und der weiter südlich. Zwischen beiden gibt es einen Bewegungsunterschied. Die Folge ist, daß sich polare kalte Luft und wärmerer südlich angrenzenden gegeneinander verhaken und zu einer Wirbelkette rund um die Erdachse herum führt. Diese großflächigen Wirbeln, die man Zyklone nennt, bestimmen unser dadurch wechselhaftes Wetter.

Mit diesem Grundprinzip und den geschilderten Beobachtungen ergibt sich eine erste wichtige Aussage über Wirbel:

** Wirbel sind die Folge eines Geschehens
und niemals die Ursache für ein Geschehen. **

Diese Erkenntnis widerlegt die Theorie für das Fliegen, die sagt, daß es einen "tragenden" Wirbel gäbe, der das Flugzeug trage, womit der Profilwirbel gemeint ist. Er entstünde als Gegenwirbel zum Anfahrwirbel. Unwissen erzeugt immer wieder konfuse Vorstellungen, die ihre Glaubwürdigkeit nur aus ihren so interessanten Ungewöhnlichkeiten beziehen.

Nun entstehen Wirbel aber auch durch Eingriffe fester Objekte in Gase und Fluide, wobei sich entweder die Objekte oder die Gase/Fluide bewegen. Die Flügelwirbel hinter einem Flugzeug entstehen z. B. durch die Bewegung eines Flugzeuges durch die Luft. Das sieht so aus, als ob Wirbel auch anders als nach dem Prinzip von Berührung sich unterschiedlich bewegender Gase/Fluide.
Ja, wie schon gesagt: es sieht so aus!

Natürlich sieht es so aus, als ob das Flugzeug Wirbel hinter sich entstehen läßt. Denn ohne es wären sie ja auch nicht da.

Das Ergebnis des Erforschens ist aber, daß das Flugzeug gar nicht die kausale Ursache für die Wirbel ist.

Daß Wirbel nur dann entstehen, wenn sich sich gegenseitig unterschiedlich bewegte Gase/Fluide berühren, ist für Wirbel das Grundgesetz. Das gilt ausnahmslos, denn: **in der Natur gibt es keine Ausnahmen!**

Das Allgemeingültigkeitsprinzip, nämlich daß es keine Ausnahmen gibt, verlangt nun, daß auch die Flügelwirbel dadurch entstehen, daß zwei sich gegenseitig berührende und mit unterschiedlichen Bewegungen versehenen Luftmassen vorliegen müssen, damit die Wirbel entstehen.

Für das Fliegen wurde es in den Kapiteln zuvor ja auch schon beschrieben. Die Flügel eines Flugzeugs schieben Luft nach unten, so daß ein Luftstrom nach abwärts besteht. Der erst berührt die seitliche Luft, was zu den gegenseitigen Verhakungen führt und damit Wirbel entstehen läßt.

Luftwirbel sind die Folge davon, daß zuvor sich gegenseitig verschiebende Luftmassen bestanden.

Die Flügelwirbel an einem Flugzeug lassen sich sogar in einer Kaffeetasse darstellen, ohne daß es Kaffeesatzleserei ist. Der halb eingetauchte Kaffeelöffel wird ruckartig etwas vom Rand zur Mitte hin bewegt und schnell heraus gezogen. Wurde zuvor Milch hinzugefügt und noch nicht umgerührt, so zeigen sich zwei sich gegensinnig drehende Wirbel, so wie im Bild Seite 14. Diese Wirbel laufen weiter zum gegenüberliegenden Tassenrand und verlöschen dort nach kurzer Zeit.

Warum wandern die Wirbel zum gegenüberliegenden Tassenrand? Weil mit dem Löffel ja eine kleine Kaffeemasse in diese Richtung beschleunigt wurde. Genau deshalb bewegen sich die Flügelwirbel hinter einem Flugzeug, und zwar abwärts. Die von den Flügeln nach unten beschleunigten Luftmassen können ja nicht einfach wieder stehen bleiben, wer sollte sie stoppen? Daß sich die Flügelwirbel aber abwärts bewegen, ist der untrügliche Beweis dafür, daß die Flügel Luft nach abwärts bewegt haben. Würden die Flügelwirbel nämlich durch einen Druckausgleich vom Überdruck unter und dem Unterdruck über dem Flügel entstehen, könnten sie sich niemals nach unten bewegen.

Warum sieht man in der Kaffeetasse aber zwei sich gegensinnig drehende

Wirbel? Dieses Wirbelbild führte sogar zur Aussage, daß es immer zwei sich gegensinnig drehende Wirbel geben müsse, was aber nicht stimmt.

Denn an langen Verschiebungslinien wurde ja schon festgestellt, daß an ihnen mehrere Wirbel in einer Kette entstehen. Und diese drehen sich alle in die gleiche Richtung!

Die Wahrheit der sich gegensinnnig drehenden Wirbel in der Kaffeetasse ist: Es gibt überhaupt nur einen einzigen Wirbel, nämlich den, der sich um den halb eingetauchten Löffelrand gebildet hat. Dieser eine ist ein Halbkreis unter der Kaffeeoberfläche. Sichtbar sind aber nur seine **Enden** an der Kaffeeoberfläche. Und die müssen sich gegensinnig drehen, da sie Querschnittsbilder darstellen, die in gegensätzlichen Richtungen betrachtet werden.

Würde der Kaffeelöffel beim Anschieben der kleinen Kaffeemenge ganz untergetaucht und ebenfalls schnell herausgezogen werden, würde an der Oberfläche fast nichts zu sehen sein, obwohl sich unter der Oberfläche ein Ringwirbel gebildet hätte.

Ringwirbel sind dann sichtbar, wenn das sich in der Luft bewegende Luft-"Paket" durch Rauch sichtbar gemacht ist. Ein Raucher, der einen ganz kurzen Luftstoß ausatmet, läßt einen Ringwirbel sichtbar werden, der sich durch den Anstoß des Ausblasens vom Raucher weg bewegt.

Bewegt sich ein rundherum abgeschlossenes "Paket" eines Gases oder Fluids innerhalb des Gases/Fluids, so entsteht ein geschlossener Ringwirbel am Umfang des "Pakets".

Damit ein Ringwirbel entstehen kann, ist Bedingung, daß es von hinten frei ist, daß es also am hinteren Ende "zu Ende" ist, so daß Umgebungsluft auch von hinten mit der Wirbeldrehung nach von durchstoßen kann. Dabei wandert der Rauch eines Rauchringwirbels nach außen in den Kern des Wirbels.

Da ein Flugzeug ebenfalls Luftmasse als rundherum abgeschlossenes "Paket" in Bewegung innerhalb der umgebenden Luft versetzt, entsteht in der Luft um dieses "Paket" auch ein geschlossener Ringwirbel. leider sieht man ihn nicht, sonst wäre das Rätsel Fliegen schon längst gelöst worden. Die einzelnen Abschnitte und der Ringwirbel um das Flugzeug einschließlich seiner Flugbahn auch insgesamt werden folgend noch eingehend behandelt.

Wirbel am Flügel

Damit können wir endlich wieder zu unserem Flugzeug zurückkommen. Die sich rechts und links von ihm entgegengesetzt drehenden Flügelwirbel sind uns schon bekannt. Aber: Sind aus gleicher Ursache schon zwei gegenüberliegende und entgegengesetzt drehende Wirbel vorhanden, so stellen sie nach unserem Wissen nur Abschnitte eines vollen Wirbelringes dar. Das heißt: Die fehlenden Teile müssen auch vorhanden sein.

Vergegenwärtigen wir uns dazu auch noch, daß das Flugzeug einen nach unten fließenden Luftstrom erzeugt, welcher sich auch als Luft`paket´ bewegt, so können wir sicher sein, daß der komplette Wirbelring mit existieren muß! Suchen wir also die fehlenden Segmente.

Würde der Flügel senkrecht nach unten bewegt und dann weg gezogen werden, so entstünde ein Ringwirbel wie beim Rauchring, nur viereckig statt rund. Das ist jedoch nicht die Aufgabe eines Tragflügels. Primär soll er uns ja durch die Luft vorwärts bringen. Nur um auf Höhe zu bleiben, muß er die dafür benötigte Luftmasse stetig nach unten bewegen.

Der vertikale Abwärtsstrom von Luft wird von Unter- und Oberseite des Flügels erzeugt. Da sich der Flügel dabei vorwärts bewegt, verläßt er permanent die Stellen, an denen er zuvor Luft abwärts beschleunigte. Damit fließt die so nach unten in Bewegung versetzte Luft als "Luft-"Paket" abwärts. Die Folge: Rund um dieses Luft-Paket" entsteht ein Ringwirbel.
Diese Luft-"Paket" hat aber keine runde Form wie beim Rauchring, sondern ist ein sehr lang gestrecktes schmales Rechteck, nämlich das Rechteck der Flugbahn des Flugzeuges.

Die Ränder des vom Flügel abwärts gestoßenen Luft-"Paketes" sind nun aber nicht nur die zur Flugbahn seitlich gelegenen, sondern auch vorn und hinten. Das abwärts sinkende Luft-"Paket" ist ja ein geschlossenes Rechteck. An den Seiten sind die Flügelwirbel, vorn und hinten die in der Skizze dargestellten. Dieses Flugbahn-Rechteck besteht dann aus den sich gegensinnig und drehenden und sich berührenden Flügelwirbeln, so daß gar keine anderen Wirbel mehr vermutet werden. Sie sind aber da, und sie sind wirksam.

Der vordere Rand des abwärts strömenden Luft-'"Paketes" mit der Breite der Spannweite des Flugzeuges ist die Vorderkante der Flügel. Dieser Rand bewegt sich natürlich stetig nach vorn weiter. Trotzdem bildet sich auch hier der Teil des Wirbels, der zum gesamten Ringwirbel der abwärts strömenden Luftmasse gehört. Diese vordere Wirbelströmung geht dadurch um Flügel in seiner Tiefe herum.

Im Bild ist ein Flug von ganz kurzer Distanz dargestellt, der links den vorderen Teil des Ringwirbels zeigt und rechts den hinteren. Zwischen beiden besteht die ganz kurze senkrechte Abwärtsströmung.

Der vordere Teil des Ringwirbels geht um das Flügelprofil herum. Deswegen ist der Fahrtwind an der Flügeloberseite auch höher als die Fluggeschwindigkeit und zwar um etwa 10 Prozent.

Diesen Wirbelteil des gesamten Ringwirbels um die Flugbahn herum benennen wir hier mit **Profilwirbel**. Er fließt ja um das Profil eines Flügels herum und wandert mit dem Flügel mit.

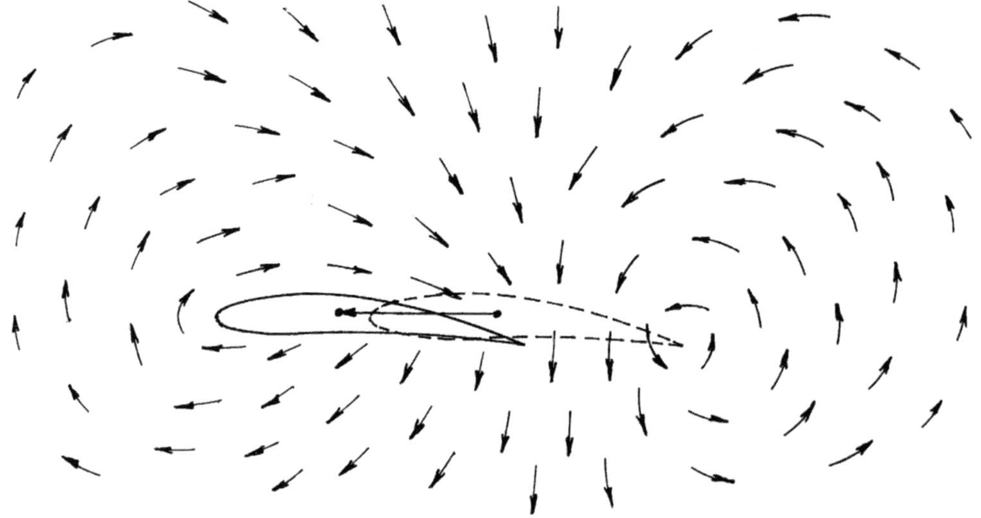

Hinten, an der Stelle, wo das Flugzeug startete, ist der letzte Teil des Ringwirbels. Er entsteht natürlich auch dadurch, daß der Flügel Luft abwärts drückte. Er hat den Namen **Anfahrwirbel** erhalten. Er ist ortsfest, da das Luft-"Paket" an dieser Stelle seinen Anfang nimmt. Er ist schon lange bekannt, während der Profilwirbel in der Lehre bis heute in seiner Entstehung unbekannt ist und nur theoretisch/mathematisch als sogenannte "Zirkulation" auf Grund von Messungen im Windkanal eingebracht wurde. Dieser als gar nur fiktive Zirkulationsströmung gehändelte Wirbel ist Ausdruck weitgreifenden Unwissens über das Phänomen Fliegen. Wäre das nicht so, gäbe es dieses Buch nicht.

Der Profilwirbel führt zu einem Phänomen, das irgendwie paradox ist. Im Windkanal ist sichtbar, daß Rauchlinien sich vor einem Flügel anheben. Das heißt: Vor einem Flügel hebt sich die Luft an. Und das ist völlig unverständlich! Denn: woher weiß die Luft denn, daß da gleich ein Flugzeug kommt?
Betrachten wir den Profilwirbel, so findet sich die Antwort: Ein Flugzeug drückt Luft nach unten. Das hat zur Folge, daß Umgebungsluft auch nach vorn bis vor dem Flügel weg- und hoch gedrückt wird.

Damit ist nun der Ringwirbel komplett. Trotzdem bleiben aber ein paar Fragen.
Der Anfahrwirbel lebt nicht sehr lange. Die anderen sind aber deutlich spürbar dauernd vorhanden. Einen `Dreiviertel´-Ringwirbel könnte es aber nur geben, wenn hierfür `Enden´ vorhanden wären. Enden wir z. B. die Kaffeeoberfläche für den halben Ringwirbel in der Kaffeetasse. Diese Enden müßten dann jedoch an den Grenzen des Luftraumes liegen. Das wäre die Erdoberfläche oder das obere Ende der Lufthülle! Innerhalb des Luftraumes muß der Wirbelring komplett vorhanden sein! (In älteren Büchern ist fälschlicherweise von einem Hufeisenwirbel die Rede, dessen Enden am Boden aufliegen.) Wo ist also der hintere Teil-Wirbel nach dem scheinbaren Verschwinden des Anfahrwirbels?
Die Lösung:
So wie der Randwirbel der schnell drehende Kern des Flügelwirbels ist, ist der auffällige Anfahrwirbel nur der schnell drehende Kern des in Wirklichkeit sehr viel größeren Anfahrwirbels. Der Radius dieses Wirbels mit dem Startort des Flugzeugs als Mittelpunkt wird durch den sich entfernenden Flügel schnell größer. Die beteiligte Luftmenge am gesuchten Wirbel wächst damit genauso und wird riesig groß. Das sich selbst einstellende physikalische Gleichgewichtigkeit der gegenüberliegenden Wirbelteile, hier Profilwirbel gegen den Anfahrwirbel ergibt dann: Schnelle Drehung des Profilwirbels mal geringe Luftmenge gegenüber sehr großer Luftmenge und damit wenig Drehgeschwindigkeit des zu suchenden Wirbels. Somit ist dessen Drehung unauffällig klein: man sieht ihn einfach nicht mehr.

Kommen wir jetzt als Abschluß zu der möglichen positiven Wertung des Ganzen: Für den gesamten `Ringwirbel´ um das Flugzeug einschließlich seiner Flugbahn gilt, daß die in ihm kreisenden Luftmassen für das Fliegen positive Kraftrückwirkungen erzeugen. Genauso wie die Flügelwirbel erzeugen auch die aus Seitenansicht zu sehenden Profil und Folgewirbel Rückstoß für den Auftrieb.

Alle Wirbel müssen ja angeschoben werden. Das Anschieben geht nur mit einem Etwas. Und dieses Etwas ist nicht passiv und läßt sich von der Luft beeinflussen, sondern es beeinflußt die Luft so, daß sie das Flugzeug trägt. Dieses `Etwas´ sind hier die Flügel des Flugzeuges. Und die Kraft für das Anschieben der Wirbel ist das Gewicht des Flugzeugs, das sich dadurch oben hält.

Das Flugzeug im Wirbelbett

Die Flügel beschleunigen auf der gesamten Flugbahn Luft nach unten. Dieser Luftstrom nach abwärts verursacht an allen Rändern die dazu gehörenden Wirbel, als da sind: Flügelwirbel rechts und links, Profilwirbel vorn und Anfahrwirbel hinten.
Diese Wirbel bilden sich wie die eines Ringwirbels aus. Außenränder an dem ursächlich die Wirbel auslösenden Abwärtsstrom von Luft sind nicht mehr sichtbar, sondern der auslösende Abwärtsluftstrom kreist in den Wirbeln mit. Die in der Mitte der Flugbahn sich berührenden Flügelwirbel kennen wir schon. Gleiche Verhältnisse bilden sich auch für Profil- und Folgewirbel. Auch diese berühren sich, jedoch nicht so deutlich sichtbar. Die auf die Flugbahn von vorn über den Flügel einfließende Luftmenge aus dem Profilwirbel geht an einer mit dem Flugzeug voranschreitenden Stelle unmittelbar über in den Luftzufluß von hinten aus dem Folgewirbel.

Aus seitlich erhöhtem Standort betrachtet gleicht der von einem Flugzeug verursachte Fluß der Luft dem eines Wasserfalles, der von rundherum in eine Senke hinein stürzt. Der Bereich auf der Flugbahn, in dem die Luft nach unten fließt, verbreitert sich durch die im Durchmesser anwachsenden Flügelwirbel mit wachsender Entfernung vom Flugzeug ständig. Dafür drehen die Wirbel dann auch entsprechend langsamer. Unmittelbar hinter dem Flugzeug entspricht die Breite der abwärts strömenden Luft der Spannweite. Durch das Anwachsen der Durchmesser der Flügelwirbel mittels der am Umfang immer mehr mitgenommenen Luft wird zwangsläufig der mittlere Bereich mit absinkender Luft breiter.

Das Bild zeigt die Luftbewegungen auf der Flugbahn eines jeden Flugzeuges wie auch Hubschraubern und auch Insekten. Das Absinken von Luft hinter einem Flugobjekt ist die Ursache dafür, daß geflogen werden kann.

Die zeitliche Betrachtung ergibt, daß an der vordersten Front des Wirbelringes in den Profilwirbeln das jüngste Wirbelstadium vorliegt. Die Profilwirbel sind permanent im neu Entstehen (im status nascendi). Das geschieht natürlich mit immer neu erfaßter Luft. Es kann also nie ein Luftteilchen das Profil ganz umrunden. Die erwartungsgemäß ausgebildetsten Wirbel sind die beiden Flügelwirbel. Von ihrer Entstehung, ihrem Anwachsen und dadurch Ausbreiten bis zu ihrem Ende durch innere Reibungskräfte zeigen sie alle Altersstufen. Der Anfahrwirbel ist dagegen ein hinter dem Flugzeug sich wenig auffällig weiter am Leben haltender, während er an seinem Entstehungsort bereits verschwunden ist. Die zu ihm gehörende

Luftmasse ist durch die lange Flugbahn fast unendlich groß geworden.

Damit ist seine Fließgeschwindigkeit auch die aller kleinste. Er hilft von hinten mit, den frei werdenden Raum über der vom Flugzeug hinab gedrückten Wirbelschleppe auf der Flugbahn aufzufüllen.
Im gesamten Wirbelring sind also alle Altersstufen, beginnend am Flugzeug selbst mit der permanenten Neugeburt der Profilwirbel bis zum nicht mehr feststellbaren Kern des am Startort gealterten Anfahrwirbels vorhanden.

Die vom Flugzeug erzeugten Wirbel hinter ihm sinken nach unten ab, weil der sie auslösende Luftstrom die von den Flügeln nach abwärts beschleunigte Luft ist. Der Fließrichtung dieser Luftwirbel muß dieser Ursprungsluft folgen.

Die gesamte in Bewegung gesetzte Luftmasse liegt hinter dem Flugzeug nur noch in Ringwirbelströmungen vor. Durch das Anwachsen der Wirbel und innerer Reibung der Luft mit sich selbst werden die Drehgeschwindigkeiten der Wirbelteile und die Absinkgeschwindigkeit der Wirbelschleppe immer langsamer, bis alle Luftbewegungen `eingeschlafen´ sind. Das kann bis zu einer Stunde dauern, je nachdem wie groß die Spannweitenbelastung des durchgeflogenen Flugzeugs war. Der mit der Breite der Flügelspannweite beginnende und dann stetig sich verbreiternde Bereich von abwärts strömender Luft ist der Ort, den die einzelne Schneegans hinter der ihr voraus fliegenden meidet. Zieht jedoch ein Motorflugzeug ein Segelflugzeug hinter sich her, um es auf Höhe zu schleppen, so fliegt dieses genau in dem vom voraus fliegenden Schleppflugzeug erzeugten `Fallwind´. Das führt somit zu der Erkenntnis, daß ein Schleppflugzeug eine möglichst kleine Spannweitenbelastung (also große Spannweite bei minimalem Gewicht) haben sollte.

Der Durchflug

Dieses Kapitel stellt auch den Übergang von der bisherigen grundsätzlichen Betrachtung des Fliegens zu Detailvorgängen und damit weitergehend zum fachlichen Abschnitt des Buches dar. Für Laien ist es ein interessanter Einblick in das Geschehen der Luftbewegung nahe am Flügel und für Fachleute der Einstieg in die notwendige neue Sichtweise mittels der wahren absoluten Strömungsverhältnisse.

Wie die Überschrift schon sagt, stehen wir als Beobachter ortsfest und betrachten die Luftbewegungen an einer Stelle während des Vorbeifluges des Flügels, allerdings nur als Gedankenexperiment.

Wir stehen auf einem Turm und haben zur Sichtbarmachung der Luftbewegungen zwei Luftteilchen markiert. Das wäre mit Seifenblasen vorstellbar. Beide sind in der für unser Beobachtungsziel richtigen Höhe mit kleinem Abstand übereinander postiert. Der sich vorbei bewegende Flügel soll zwischen ihnen durchfliegen.

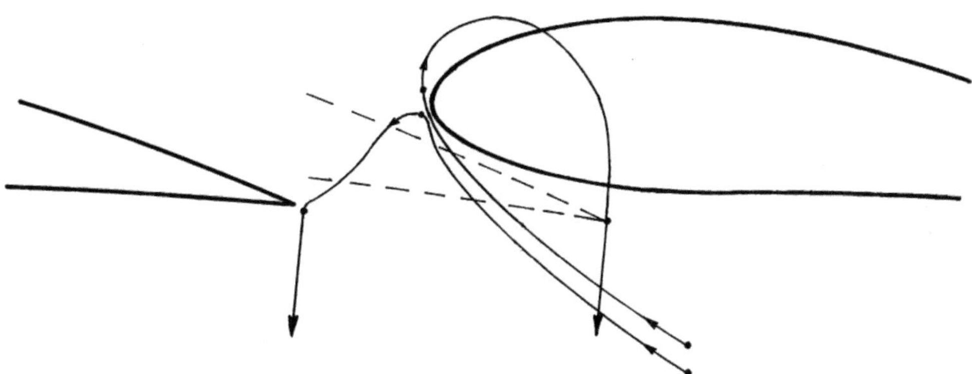

Als erstes stellen wir fest, daß eine Luftbewegung in Flugrichtung weit vor dem herannahenden Flügel stattfindet, und zwar schätzungsweise schon in einer Entfernung einer Flügeltiefe. Also bewegt der Flügel Luft schon vor sich, was wir ja auch schon wissen. Beide Seifenblasen werden also langsam angehoben. Der Flügel ist aber noch nicht da. Je näher er aber kommt, um so mehr und auch schneller heben sich die Seifenblasen. Auch dabei werden sie weiterhin in Flugrichtung (also vom herannahenden Flügel) weg gedrückt.

Dann steht die Flügelnase wie im Bild mit der Mitte ihrer Rundung unmittelbar vor ihnen.

Beobachten wir zuerst die untere Seifenblase.

Sie wird durch die Nasenrundung zwangsläufig wieder nach unten gedrückt. Sie bleibt dann im nahen Abstand zum Flügelprofil und folgt dadurch in der Höhe der sich nach links vorbei schiebenden unteren Profilkontur. Auch hierbei wird sie weiterhin, wie schon vorher, nur noch etwas schneller in Flugrichtung nach links mit bewegt. Ist die Endkante des Flügels an ihr angekommen, geht sie mit der aus der gemeinsamen Wirkung von Ober und Unterseite des Profils sich ergebenden Abwärtsströmung nach unten. Und auch hierbei immer noch leicht mit in Flugrichtung nach links!

Was macht die obere Seifenblase?

Sie wird an der Nasenrundung nach oben bewegt und bleibt während der Vorwärtsbewegung des Flügels ebenfalls in nahem Abstand zur oberen Flügelkontur. Entgegen der unteren, die stetig weiter nach links mitgenommen wurde, wird hier die `Mitnahmegeschwindigkeit´ sofort kleiner. An der höchsten Stelle bewegt sie sich absolut gesehen sogar gegen die Flugrichtung des Flügels nach rechts. In der zweiten Hälfte des Profils wird sie wieder langsamer und geht am Ende auch wieder etwas mit dem Flügel in dessen Richtung mit. Hinter dem Flügelende bewegt sie sich genauso wie die `Partnerin´ von der Unterseite nach unten.

Diese Vorgänge sind in www.flugtheorie.de als Animation zu verfolgen.

Im Vergleich betrachtet ergibt sich für beide folgende Situation: Die untere wird durch die `Mitnahme´ nach links in Flugrichtung am Profilende später entlassen als die obere. Diese hat sich ja, wie gesehen, zwischendurch gegen die Flugrichtung `zurück´ (zum Profilende) bewegt.

Daß sich also nach der falschen Weglängentheorie beide am Profilende wieder zusammen finden müßten, weshalb die obere schneller am Profil entlang fließen müßte und sich dadurch der Auftrieb ergäbe, ist nicht gegeben. Im Gegenteil, die obere Seifenblase ist sogar noch vor der unteren am Profilende.

Im ganzen gesehen sind beide Seifenblasen nach Durchflug des Flügels ein Stück in Flugrichtung mitgenommen worden. Die Mitnahmegeschwindigkeit der oberen und unteren Luft am Profilende ist meist nicht die gleiche. In der Berührungsfläche beider Ströme existiert also ein Unterschied, der in dieser `Fläche´ hinter dem Flugzeug zu zahllosen kleinen bis kleinsten Wirbeln führt. Leider sind diese schädlich und verbrauchen durch ihren induzierten Widerstand Antriebsenergie. Die Geschwindigkeit, mit der die Seifenblasen dann nach unten mit der Luft mitgehen, ist die schon erwähnte von beispielhaft 10 m/s. Sie hängt, wie bekannt, von der `Spannweitenbelastung´ und dem Anstellwinkel ab. Für beide mit deren Größen ansteigend.

Noch etwas zur abwärts strömenden Luft.
Wie besonders an der Unterseite zu sehen, wird sie durch den Tragflügel etwas nach vorn mitgenommen. Die von der Oberseite letzten Endes auch. Das führt dann dazu, daß der ganze nach unten gelenkte Strom nicht senkrecht, sondern schräg nach vorn fließt!

Zusammenfassung:

Der Flügel hinterläßt den für das `Fliegen-Können´ notwendigen Abwärtsstrom. Dieser hat auch eine Bewegungskomponente in Flugrichtung erhalten. Die Mitnahmegeschwindigkeit von Luft in Flugrichtung an der Hinterkante des Flügels ist an Ober- und Unterseite meist unterschiedlich. Im fachlichen Teil des Buches wird noch beschrieben, daß die Differenz zwischen beiden positiv und negativ sein kann, je nach Anstellwinkel.

Wenn´s schiefgeht!

Bis jetzt haben wir immer nur davon gesprochen, wie es ist, wenn das Fliegen gut funktioniert. Jedoch, ein Flugzeug kann, da es Luft unter sich schaufeln muß, nicht beliebig langsam fliegen. Ein jeder Typ hat eine sogenannte Mindestgeschwindigkeit. Wenn die unterschritten wird, fällt es sehr schnell nach unten: ein Absturz! Warum das so ist, soll jetzt dargelegt werden.

Wird die Geschwindigkeit des Flugzeuges geringer, so wird auch die durch die Flügel produzierte Abwärtsgeschwindigkeit der nach unten beschleunigten Luft kleiner. Damit natürlich auch der `Rückstoß´, der das Flugzeug trägt. Es würde zu sinken beginnen. Abhilfe bringt jedoch die Möglichkeit, den Flügel mehr anzustellen, das heißt seine Vorderkante gegenüber seiner Hinterkante höher zu heben. Für den Piloten ist das ein Leichtes. Er braucht den Steuerknüppel (oder das Ruderhorn oder ganz neu den Sidestick) nur ein wenig nach hinten zu ziehen. Das Höhenruder bewegt dadurch das Heck des Flugzeuges nach unten, womit es als Ganzes eine aufrechtere Lage nach vorn einnimmt. Folge der Aktion ist nun, daß die Luft durch die Flügel steiler nach unten gelenkt und somit auf eine höhere Abwärtsgeschwindigkeit beschleunigt wird. Dadurch erhält das Flugzeug wieder soviel Rückstoß wie es für sein Gewicht benötigt und bleibt somit auf gleicher Höhe. Durch den höheren Anstellwinkel wird die Luft jetzt aber auch mehr nach schräg vorn gedrückt bzw. mehr von schräg hinten angesaugt. Das heißt, der Widerstand gegen das Vorwärtskommen steigt wesentlich. Der Pilot eines motorgetriebenen Flugzeuges muß mehr `Gas´ geben.

Dieser Vorgang des steileren Anstellens des Flugzeugs kann dann jedoch res übertrieben werden. Bei Kunstflugmanövern macht der Pilot das sogar absichtlich. Der folgende `Absturz´ ist dann gewollt und läßt sich auch ohne Mühe wieder durch das sogenannte Abfangen beenden. Natürlich kostet der Vorgang eine gewisse Höhe. Bei einem kleinen Kunstflugzeug vielleicht hundert Meter, bei einem `Jumbo´ allerdings wohl über tausend!

Was aber passiert bei solchen Übertreibungen?
Wie bereits erwähnt, wird der Überdruck unter den Flügeln größer. Das hat aber keine negativen Auswirkungen. Hier geschieht nichts Böses. Der Unterdruck über den Flügeln steigt naturgemäß ebenfalls. Das hat jetzt jedoch katastrophale Folgen. Durch den großen Anstellwinkel wird jetzt

Luft von hinten angesaugt. Und noch mehr: sogar auch um das Flügelende herum von unten nach oben. Auf dem hinteren oberen Teil des Flügels strömt dann Luft sogar von hinten nach vorn!

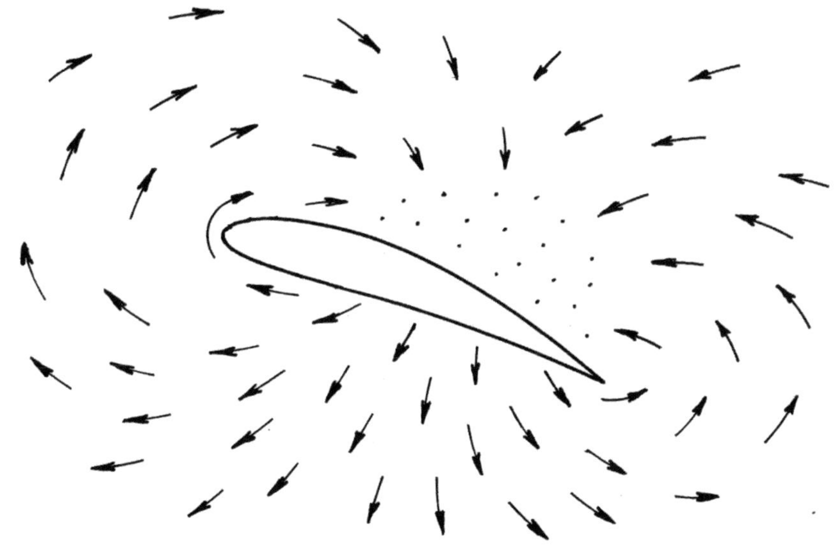

Die Folge: Die Flügeloberseite, die im Normalflug zwei Drittel des Auftriebs erzeugt, produziert nun überhaupt keinen Auftrieb mehr! Das Flugzeug begibt sich in einen rückhaltlosen Fall. Hinzu kommt dann oft, daß das rechts und links unterschiedlich ist, so daß sich das Flugzeug dabei auch noch dreht: es trudelt nach unten.

Das Bild zeigt die absolute Luftbewegungen bei abgerissener "Strömung". Die absoluten Luftbewegungen sind dabei nicht die, die man im Windkanal sieht.
Es sind die, die sich zeigen, wenn man am Boden steht und ein Flugzeug fliegt vor einem vorbei.

Dieser Vorgang des Auftriebszusammenbruches wird **Strömungsabriß** genannt (englisch: `stall´). Obwohl es natürlich gar keine Strömung gibt. Es ist nur die subjektive Empfindung, daß die Luft am Flugzeug vorbei "ströme".

Im Fallen kann der Pilot jedoch (wenn er die Übersicht behält) durch entsprechende Steuerausschläge dafür sorgen, daß sich der Anstellwinkel wieder verkleinert, Luft wieder richtig gegriffen und das Flugzeug aus dem

Sturzflug heraus abgefangen werden kann.

Damit so etwas nicht in Verkehrsflugzeugen passiert, werden sie mit einem Meßinstrument versehen, das, wenn der Anstellwinkel zu groß und die Geschwindigkeit zu gering wird, eine Warnung herausgibt, die sogenannte "Stall"-Warnung.

In den Anfangsjahren der Fliegerei kamen solche Abstürze immer wieder vor. Der Vorgang war halt noch nicht bekannt. Außerdem war bei den damaligen Konstruktionen der Übergang von normalem Langsamflug zum Strömungsabriß sehr abrupt. Heutige Flugzeuge müssen so gebaut sein, daß sie beim Strömungsabriß nicht sofort ins Trudeln geraten, sondern nur absacken. Und dieser Übergang in den Sackflug sollte sich durch Schütteln bzw. Schwanken des ganzen Flugzeugs bemerkbar machen. Zusätzlich wird von der Geschwindigkeitsmessung ein akustisches Signal gegeben. Ohne diese beschriebenen Maßnahmen erhielte ein Flugzeugtyp keine Zulassung mehr.

Der aerokinetische Ablauf wird Fachleuten später noch detailliert beschrieben.

Der wahre Grund des Fliegens

Er hat die umfassende und nachvollziehbare Antwort auf die Frage: Warum fliegt ein Flugzeug?

Genau so, wie wir uns im Wasser durch den Rückstoß von mit Händen und Füßen nach unten beschleunigte Wassermenge hochhalten, hält sich ein Flugzeug durch den Rückstoß mit nach unten gestoßener Luft hoch.
Dieses Stoßen ist sehr intensiv. Denn: Luft wird an jeder Stelle innerhalb von Millisekunden nach unten beschleunigt. Diese Millisekunden sind die Zeit, die ein Flügel mit seiner Tiefe eine Stelle in der Luft überstreicht. In dieser kurzen Zeit ist das Luftbeschleunigen fast wie ein Hammerschlag auf die Luft, mit dem sie auf eine Geschwindigkeit von beispielsweise zehn m/s beschleunigt wird. Durch die Wirbelbildung erhöht sich die bewegte Luftmasse dann auf etwa das Doppelte, was nach ein paar Sekunden eine Verlangsamung auf nur noch die Hälfte der Abwärtsgeschwindigkeit zur Folge hat.

Das abwärts Bewegen der Luft geschieht nach dem Prinzip der schiefen Ebene. Diese wird von den Flügeln damit dargestellt, daß sie einen Anstellwinkel haben. Dieser rein mechanische Vorgang läßt an der Flügelunterseite einen Überdruck entstehen. An der Flügeloberseite wird durch deren nach hinten abfallender Kontur freier Raum geschaffen, was einen Unterdruck zur Folge hat, der Luft von oben ansaugt.

Ein Flugzeug "reitet" auf der Rückstoßkraft
von ihm nach unten beschleunigter Luftmasse.

Das heißt, Fliegen funktioniert nach Newton's Kraftgesetzen. Auftriebskraft ist eine Kraft und die **muß** nach Newton's Gesetz entstehen, denn das ist allgemeingültig, was Ausnahmen definitiv ausschließt. Es besteht keine Freiheit, eine neue Kraftenstehungstheorie *neben* der Newton'schen zu erfinden, denn: auch das Kausalitätsgesetz verlangt, daß es nur ein einziges Kraftentstehungsprinzip geben darf und Auftrieb ist eine Kraft.

Jedes Luftfahrtgerät schwerer als Luft **muß** zwangsweise einen abwärts strömenden Luftstrom erzeugen und auch hinterlassen! Beweis: Der Abwärtsstrom muß seinerseits einen geschlossenen Wirbelring erzeugen. Dieser ist vorhanden, nur durch die Flugbahn extrem langgezogen, erfüllt trotzdem das physikalische Erfordernis.

Ein Blick in die Natur.
Eine vom Boden startende Taube kann nötigenfalls aus Platzmangel senkrecht in die Luft aufsteigen. Von einem gleitenden Flug kann dabei aber keine Rede sein. Man bekommt eher den Eindruck, als wolle sie eine senkrechte Leiter erklimmen. Mit jedem Flügelschlag beschleunigt sie Luftmasse nach unten und hebt sich mit ihrem Gewicht dadurch ein kleines Stück höher. Beim Schwimmen würden wir das in Erinnerung an zuvor als die Fußmethode bezeichnen.

Die Schilderung des Startvorganges der Taube soll den Eindruck stärken, den das Gefühl uns richtigerweise auch suggeriert: Es muß Masse nach unten gestoßen werden, um hoch zu kommen.

Die Erkenntnis über das nach Goethe "Ganze" ist beim Fliegen: jedes Flugobjekt kann sich nur dann oben halten, wenn es Masse nach unten stößt. Wie es das macht, ist ihm überlassen und eine rein technische Angelegenheit. Dieses Grundprinzip gilt allgemein. Es gilt für Flugzeuge, Vögel, Hubschrauber, Insekten und für den Unter- wie Überschallflug.

Zuvor wollen wir jedoch im folgenden Übergangskapitel zum fachlichen Teil eine aufschlußreiche Beobachtung machen. Diese wird dann in ihrer Konsequenz zu einer Revision des bisherigen Wissens führen.

Ob Theorien richtig oder falsch sind, entscheiden nicht Formeln! Das entscheidet die Physik mit **ihren** Regeln und die lauten: Eine Theorie muß **alle** Fragen ohne Hilfen **direkt aus ihrem Grundprinzip** heraus beantworten können. Das Grundprinzip des Fliegens heißt Rückstoß von nach unten beschleunigter Luftmasse entsprechend Newton's Kraftgesetz.

Beim Problem Fliegen ist aber nicht nur die Bernoullitheorie falsch, sondern sogar das "Ganze":

Ein Flugzeug fliegt nicht aerodynamisch, sondern aerokinetisch!

Ein Flugzeug stößt Luftmasse nach unten an, was zu einer Energieübertragung führt. In der von **strömenden** Fluiden zur Luft übertragene Dynamik darf aber gar keine Übertragung von Energie stattfinden.

Die kinetische Formel für den Auftrieb

Formeln haben unberechtigterweise immer noch einen höheren Stellenwert als die Erklärungen dessen, was sie berechnen. Die Findung der Erklärung z. B. für den Funktionismus des Planetensystems hat anderthalb Jahrtausende gedauert. Für das Fliegen dauert es bis jetzt auch schon über einhundert Jahre. Ist dann in der Physik eine "nur" Erklärung gefunden, wird sie in kürzester Zeit wertlos und zum trivialen Gemeinwissen hin geschoben. Von wem? Von der Mathematik. Sie stürzt sich mit ihren Regeln auf jede physikalische Erkenntnis, baut beschreibende Formeln darauf und präsentiert sich damit so, als ob sie diese "Brotsuppe" gefunden hätte.

Das Wertvolle des Fliegens ist, daß nicht die Luft etwas mit einem Flugzeug macht, sondern ein Flugzeug etwas mit der Luft. Das "übersieht" der Mensch aber dadurch, daß er relativ schaut, nämlich aus der Bewegung des Flugzeuges und auch in den Windkanal, wo die Bewegungen von Flugzeug und Luft getauscht sind. Und er bemerkt es nicht, sondern glaubt auch noch, daß das egal sei: eine Kopie sei eine Realität! Nach Ursache und Wirkung fragte er gar nicht! Der Mensch macht immer noch den gleichen Fehler: wo *er* ist, ist der Bezugspunkt.
Der Bezugspunkt für das Fliegen ist die umgebende Luft und nicht der darin sitzende Mensch. Der schaut darin nämlich wie ein Marienkäfer, der auf einem Flügel sitzt und die Luft über sich hinweg ziehen sieht und auch glaubt, daß die sich bewegt und nicht er. Wo bleibt da das Denken? Und die Wahrheit?

Die Wahrheit haben wir nun und daraus entsteht, von ganz allein ohne große mathematische Kenntnisse oder gar der Notwendigkeit eines Studiums, die grundsätzliche Berechnungsmöglichkeit des Wertes der Auftriebkraft. Sie ist ab Mittelschule versteh- und lehrbar. Deshalb steht diese Formel des Auftriebs auch noch im populären Teil. Kennt man das Wirkprinzip, kennt man auch die Berechnung.

Ein Flugzeug beschleunigt Luft nach unten. Die Rückstoßkraft daraus ist die Auftriebskraft. Also gilt Newton's Kraftgesetz: Kraft ist Änderung des Impulses. Der Impuls ist Masse mal Geschwindigkeit.

Wird die Änderung des Impulses einer Masse durch eine Geschwindigkeitsänderung bewirkt, so ergibt sich die bekannte Formel:
Kraft ist Masse mal Geschwindigkeitsänderung. Geschwindigkeitsänderung

ist Beschleunigung, also Masse mal Beschleunigung.

Die Änderung des Impulses kann aber auch durch eine Änderung der Masse verursacht werden. Das ist beim Raketenschub der Fall wie auch beim Fliegen. Da bleiben die Geschwindigkeiten der aus dem Raketentriebwerk strömenden Gasmasse gleich und beim Fliegen die Geschwindigkeit der abwärts beschleunigten Luftmasse. Da aber immer neue Massen auf diese kon-stanten Geschwindigkeiten gebracht werden, ist das eine Massenänderung. Es ist ein Massenstrom, der zum Fließen gebracht wird.

Die Formel für die Kraft aus einem auf konstante Geschwindigkeit gebrachten Massenstrom heißt:
Kraft ist Geschwindigkeit mal Massenstrom. Der Massenstrom beim Fliegen ist, wieviel Luftmasse pro Sekunde nach unten in Bewegung gesetzt wird.

Um zur Formel für die Berechnung der Auftriebskraft zu kommen, ist insbesondere die Geschwindigkeit zu ermitteln, mit der ein Flügel Luftmasse **vertikal** nach unten beschleunigt.
Die ergibt sich aus dem Flugprinzip, nämlich dem mechanischen abwärts bewegen von Luftmasse nach dem Prinzip der schiefen Ebene.

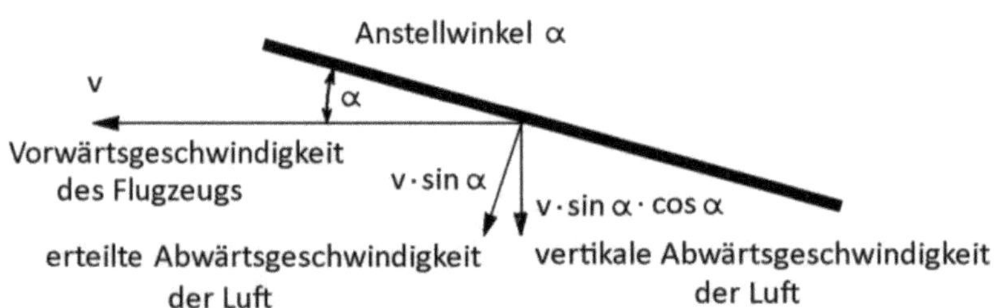

Ausgangsgröße für alle Geschwindigkeiten, die der Luft aufgezwungen werden, ist die Fluggeschwindigkeit. Das folgende Diagramm zeigt die Situation der Bewegungen von Flügel und Luft auf. Der Flügel hat das Profil einer ebenen Platte.

Die zur Auftriebskraftberechnung erforderliche vertikale Abwärtsgeschwindigkeit der nach unten beschleunigten Luft ist, wie im Diagramm zu sehen, Fluggeschwindigkeit mal Sinus des Anstellwinkels mal Cosinus des Anstellwinkels.

Die zur Auftriebskraftentstehung erforderliche pro Sekunde überstrichene Fläche **F** des Flügels ist Flügelspannweite mal Fluggeschwindigkeit.

Die zur Auftriebskraftentstehung erforderliche sekündlich nach unten gestoßene Luftmasse ist somit: überstrichene Flügelfläche **F** mal vertikaler Abwärtsgeschwindigkeit mal Dichte **ρ** (rho) der Luft.

Die vollumfängliche Formel, für jeden nachvollziehbar, sieht dann so aus:

$$\textbf{Auftrieb} = * \textbf{F} * \textbf{v}^2 * (\textbf{sin } \alpha)^2 * (\textbf{cos } \alpha)^2 * \textbf{1}(1/s)$$

Wie zu sehen, entsteht aus einer richtigen Theorie die entsprechende Grundformel eines Vorganges der Natur "von ganz allein"! Damit ist auch diese Formel**entstehung** ein Beweis für die Richtigkeit dieser Flugtheorie.

Die bisherigen Flugtheorien sind definitiv deshalb falsch, weil sie keine direkte Grundformel erzeugen können. In der Lehre gibt es Formeln für nur eingegrenzte Bereiche. Sie haben überwiegend die Aufgabe, die Meßwerte aus dem Windkanal für konstruktive Zwecke zu händeln.

Theorien sind keine verbalen Begleitaussagen für gefundene mathematische Berechnungsverfahren, sondern:

<u>Theorien bestimmen, wie etwas zu berechnen ist!</u>

Fliegen ist eine Wechselwirkung zwischen Luft und Flugzeug. Und diese Wechselwirkung findet zwischen den Luftpartikeln (Stickstoff- und Sauerstoffmolekülen) und dem Flugobjekt statt. Und zwar durch gegenseitige Karambolagen. Luftteilchen drücken auf die Oberflächen der Flügel bzw. schießen in von Flügeln frei gemachte Räume hinein.
Das geschieht alles nach Newton's Trägheitsgesetz, daß ein Körper seine Bewegung nur durch Krafteinsatz verändert. Drücke sind einzig die Folge vieler Anstöße von Luftmolekülen auf die Oberflächen der Flügel. Sind es mehr, so herrscht Überdruck, sind es weniger, so herrscht Unterdruck.

**Selbstverständlich benimmt sich die Luft mit ihren Molekülen
wie Ping-Pong-Bälle mit der Summe ihrer Anprallungen.
Und das nach Newton's Gesetz.**

Vergleicht man diese physikalische Formel für das Fliegen mit den technisch verwendeten, so fällt auf, daß die Flügelbreite gar nicht enthalten ist. In der Technik ist die Flügelbreite aber eine gravierende Größe!

Wie kommt das?
Alle heutigen technischen Formeln für das Fliegen stammen **nicht** aus einer physikalischen Theorie! Deshalb ist es Flugzeugkonstrukteuren auch egal, warum ein Flugzeug fliegt. Die technischen Formeln stammen alle aus dem Windkanal. Sie alle sind Produkte aus reinem Pragmatismus.

Der geht so vor sich:
Man nehme ein Stück einer Tragfläche, hänge es sinnvoll in den Windkanal und messe die Kräfte. Für das Kräftemessen ist es egal, ob sich die Luft oder der Flügel bewegt. Aber: **nur dafür**!

Gemessen werden die vertikale Auftriebskraft, die horizontale Widerstandskraft und das Drehmoment, das einen Flügel sich aufbäumen oder abtauchen lassen will. Das alles bei unterschiedlichen Anstellwinkeln und Luftgeschwindigkeiten. Unter- und Überdrücke am Flügelprofil werden nur in Sonderfällen bestimmt.

Nun will man ja nicht wissen, wie groß die Werte für nur das Versuchsstück eines in den Kanal eingehängten Flügels sind, sondern wie die Werte eines ganzen zu bauenden Flügels sind,. Deshalb werden die Meßwerte spezifiziert, das heißt auf technisch sinnvolle Bezugsgrößen ausgerichtet.
Diese sind für die Geschwindigkeiten einschließlich der Luftdichten der Staudruck, für die Kräfte die jeweiligen Projektionsflächen. Für den Auftrieb ist das die Flügelgrundfläche und für den Widerstand die Stirnflächen.

Die **technische** "Auftriebsformel" ergibt sich dann zu Staudruck mal Fläche mal einem Faktor. Dieser ist auch bei Autos kennt, der sogenannte Beiwert c.
Er heißt cA für den Auftrieb und cW für den Widerstand. In diesen Beiwerten steckt alles Unwissen drin, was in der Aerokinetik besteht. Eine **physikalische** Formel hat nämlich, wie bei der zuvor abgeleiteten zu sehen, niemals solche Faktoren.
Faktoren bringen physikalisch falsche Formeln zu technisch richtigen Ergebnissen. Und das ist nicht nur hier in der Flugtechnik der Fall, sondern weit verbreitet in der Physik und zeigt auf, wie wenig letztlich von der Natur wirklich erkannt ist.

Wie zuvor schon gesagt, ist in der physikalischen Formel die Flügelbreite nicht enthalten. Also lassen sich mit Physik allein keine Flugzeuge bauen. Deswegen haben wir ja auch schon Flugzeuge, aber ohne zu wissen, warum sie fliegen!

Physik ist Physik und keine Mathematik und keine Technik.

Wozu braucht man Physik? Ganz einfach, um Wissen zu besitzen und nicht nur auf Können angewiesen zu sein. Das Können, z. B. Flugzeuge zu bauen, ist von "Wissen" weit entfernt.

Das Wissen über das Fliegen hat gravierende Vorteile.
Zunächst sagt es, wie bereits erwähnt, explizit **voraus**, daß hinter Flugzeugen eine Wirbelschleppe besteht. Das Nichtwissen darüber hat ja auch mehr als nur ein paar Menschen das Leben gekostet und sie wurden dadurch überhaupt erst entdeckt.

Das Wissen, daß Flugzeugflügel Luft abwärts bewegen, führt auch zur Antwort auf die Frage, warum die zwei Flügel eines Doppeldeckers nicht auch doppelt so viel Auftrieb erbringen: weil die Luft von einem Flügel bis in den Bereich des anderen schon abwärts bewegt wird.
Weiter erbringt das gleiche Wissen auch die Antwort, warum der Profilwirbel entsteht und warum Luft vor dem Flügel hoch steigt: weil sie durch das runter Drücken auch vor dem Flügel hoch quillt.
Und auch der Bodeneffekt entsteht aus dem gleichen Wissen: weil sich die nach unten gedrückte Luft am Boden staut und sich somit der Überdruck unter dem Flügel erhöht.
Und das gleiche Wissen sagt auch einen Deckeneffekt voraus, der dadurch entsteht, daß die von oben angesaugte Luft durch eine Decke am Nachströmen gehindert wird, so daß sich der Unterdruck über dem Flügel erhöht. Das wurde vermutlich einem Hubschrauberpiloten zum Verhängnis, der unter einer Brücke hindurch flog und auf der anderen Seite abstürzte, was einem Passagier das Leben kostete. Natürlich wurde als Ursache ein Pilotenfehler unterstellt. Das ist immer dann der Fall, wenn kein ausreichendes Wissen existiert.

Diese Antworten und noch mehr ergeben sich erst dann, wenn Wissen vorliegt. Beim Fliegen ist es "nur" das, daß ein Flügel Luft runter bewegt.
Das "nur" kennzeichnet, daß die Natur nach einfachen Prinzipien funktioniert!

Mathematische Formeln haben noch nie Fragen beantworten können!

Nun werden Fachleute natürlich sagen, daß eine Formel für das Fliegen ohne die Flügelbreite gar nicht richtig sein kann.

Sie ist aber richtig. Aber: sie bezieht sich nur auf Ursache und Wirkung und nicht auf technische Kriterien oder Elemente. Sie sagt aus, wie hoch die Auftriebskraft ist, **wenn** die Luft mit der Geschwindigkeit abwärts beschleunigt wird, die sich aus dem Anstellwinkel ergibt.
Damit unterstellt die physikalische Formel, daß der Flügel unendlich breit ist. Jede sinnvoll machbare Breite, die ja weit von der unendlichen entfernt ist, erbringt somit eine Verminderung der Geschwindigkeit der abwärts beschleunigten Luft. Man kann sagen, daß der "Wirkungsgrad", um wieviel weniger schnell die Luft durch eine schmalere Fläche nach abwärts beschleunigt wird, um so schlechter wird, je schmaler der Flügel wird. Da ein schmaler Flügel weit vom unendlich breiten entfernt ist, wirkt die Flügeltiefe praktisch linear auf die Auftriebskraft ein.

Die Praxis unterschiedet sich auch hier wie meist von der Theorie. Ein Ideal ist nun einmal nie erreichbar.

Bei den Messungen im Windkanal sind die Verminderungen gegenüber dem theoretischen Werten unsichtbar enthalten, weswegen sie auch noch gar nicht entdeckt worden sind. Untersucht man aber die Meßwerte aus dem Windkanal auf dieses Kriterium hin, so wird man eine Abhängigkeitskurve für den Wirkungsgrad in Bezug auf die relative Flügeltiefe ermitteln können. Dieser Wirkungsgrad könnte dann einfach der physikalischen Formel hinzugefügt werden, so daß sie dann auch in der Technik verwendet werden könnte.

Allerdings wirken noch mehr "Stör"größen in die Auftriebskraftbildung ein. Z. B. die Grenzschicht zwischen Flügeloberfläche und ungestörter Luft und die Spannweite selbst und die Flügelprofile. Zum Verstehen des Fliegen-Könnens sind diese aber unwichtig.

Zwei Überraschungen

Zum Abschluß des Populärteils noch zwei "sonderbare" Sachen.

Warum bleibt die skizzierte Platte an der Decke hängen?

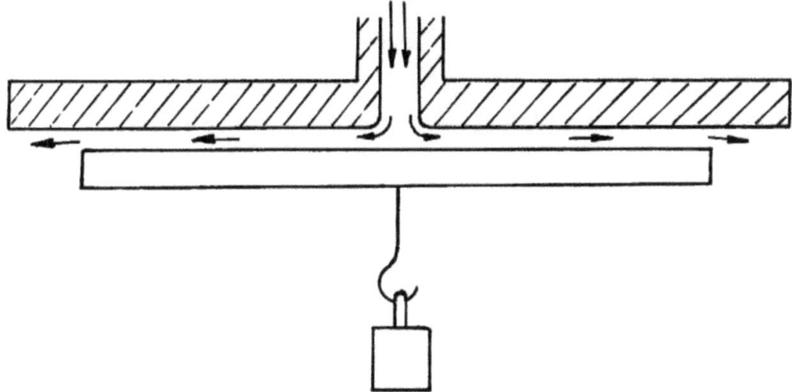

Strömt Luft von oben durch die Bohrung nach unten gegen die Platte, so erwartet ein jeder, daß diese auch nach unten weggestoßen wird.

Verwunderlicherweise geschieht das aber nicht, sondern sie wird sogar gegen ihr Gewicht oben gehalten und es kann sogar noch zusätzliches Gewicht angehängt werden.
Erklärbar wird das nur mit der Vorstellung, daß zwischen der losen Platte und der oberen Gegenfläche, als Decke vorstellbar, Unterdruck entsteht, der die lose Platte ansaugt. Paradoxerweise verhält es sich tatsächlich so.
Wie entsteht dieser Unterdruck?
Erweitern wir diese Frage noch dahingehend, wie überhaupt Unterdruck produziert werden kann. Im fachlichen Teil wird es mehr wissenschaftlich dargestellt. Erläutern wir den Vorgang hier schon einmal pragmatisch.

1. Um Unterdruck herzustellen, wird eine Strömung benötigt.
2. Diese kann nur mittels eines Druckgefälles erzeugt werden, das heißt, es muß, wenn das Ende der Atmosphärendruck ist, am Beginn der Strömung erst ein Überdruck geschaffen sein. Bei Luft mit einem Gebläse oder Kompressor.
3. Die Strömung muß durch einen Diffusor strömen.
4. Unterdruck bildet sich vor dem Diffusor gegenüber dem Druck, der an seiner Mündung (Austrittsöffnung) herrscht. Die Höhe des Unterdruckes hängt einzig und allein nur von der Funktion des Diffusors ab.

Diffusoren sind im allgemeinen konische Erweiterungen von Rohren. Das ist auch die übliche Bauart. In der vorstehenden Skizze ist der Diffusor nicht sofort sichtbar: es ist der Spaltraum zwischen oberer Decke und der Platte.

Die Luft strömt von innen ab Bohrungsdurchmesser nach außen zum Austrittsspalt am Rand der Platte mit seinem wesentlich größeren Durchmesser. Von der Geometrie und dem Strömungsfluß her ist er damit als radialer Diffusor zu bezeichnen. Der Eintrittsquerschnitt ist die Spalthöhe mal dem Umfang der Zuluftbohrung. Am Austritt ist die Spalthöhe zwar gleich, der Umfang des Spaltes jedoch wesentlich größer, also eine riesige Querschnittsvergrößerung.

Was diesen Diffusor so unsichtbar macht, ist, daß keinerlei konische Anordnungen vorhanden sind. Diese Bauart läßt im Gegensatz zu axial konischen Diffusoren fast unbegrenzte Öffnungsverhältnisse zu.

Unterdruck bildet sich am Eingang eines Diffusors. Und zwar deshalb. weil der Druck am Ausgang des Diffusors von den dort vorliegenden Zuständen bestimmt wird. In unserem Beispiel ist das der atmosphärische Umgebungsdruck. Der läßt sich nicht beeinflußen und er würde es auch nicht zulassen. Der Druck vor dem Diffusor bildet sich also von rückwärts her, in diesem Beispiel also vom Atmosphärendruck.

Die Luft strömt aus der Überdruckleitung durch den radialen Diffusor. Wie kann man sich vorstellen, warum an seinem Beginn Unterdruck entsteht?

Zunächst damit, daß im Diffusor der Druck steigt. Das ist seine "Arbeit", die er unvermeidbar macht. Da der Druck am Ausgang des Diffusors aber nicht über den Druck steigen kann, der dort von außen vorgegeben ist, stellt sich dafür automatisch ein Unterdruck vor ihm ein.

Eine andere leutseligere "Erklärung" wäre:
Die Luft, die in einen Diffusor hinein fließt, kann gar nicht so schnell durch den Eintrittsquerschnitt nach fließen, wie sie am Austrittsquerschnitt austritt, da sie ja durch die Querschnittserweiterung immer mehr Platz bekommt. Deswegen entsteht Unterdruck am Eintritt.
Das ist zwar physikalisch nicht ganz sauber, aber die einzige Möglichkeit, die Unterdruckbildung vor einer Erweiterung auch gefühlsmäßig zu begreifen.

Und eine zweite Frage:

Wo bleibt das Gewicht des Flugzeugs während des Fluges?

Auf der Erde ist ein fliegendes Flugzeug nicht mehr. Im Weltall ist es aber auch noch nicht, also gehört es noch zur Erde. Aber auch in der Atmosphäre muß sein Gewicht doch irgendwie zur Erdoberfläche hin wirken.

Wie sich bisher zeigte, stützt sich ein Flugzeug in der Luft auf diese selbst ab. Und wohin stützt sich die Luft ab? Mit dieser Frage kommen wir der Lösung des Problems entscheidend näher.

Luft hat ja selbst ein Gewicht. Mit diesem liegt es auf der Erde auf. Zu messen ist das durch den Luftdruck. Er sagt uns, wieviel Gewicht an Luft über uns liegt.

Fliegt ein Flugzeug in der Luft, auf die es sich mit seinem Gewicht abstützt, so wird die Luft um das Flugzeuggewicht schwerer: Der Luftdruck steigt!

Da sich Drücke in der Luft nach allen Seiten hin ausbreiten, wird der durch ein Flugzeug erhöhte Druck der Luft auf die Erde horizontal sehr weit auf eine Riesenfläche ausgedehnt. Wie weit das geht, ist praktisch nicht meßbar, da die Unterschiede zum Luftgewicht allein zu gering sind. Luft wiegt pro Quadratzentimeter etwa 1,3 kg. Verteilen sich die vierhundert Tonnen eines voll getankten Jumbo's auf beispielsweise nur einen Quadratkilometer, so steigt der Luftdruck nur um 0,00004 kg/cm2. Wobei nur ein Quadratkilometer viel zu klein angenommen ist.
Deswegen ist das Flugzeuggewicht nicht mehr auffindbar und scheint weg zu sein.

Resümee

Was haben wir nun?

Wir haben das, was die physikalische Theorie des Fliegens zu leisten hat: eine klare, kurze, verständliche und nachvollziehbare Aussage, warum ein Flugzeug fliegt.

Physikalische Theorien sind verbal und haben einen Vorgang der Natur mittels eines Funktionsprinzips von einer Ursache zu deren Wirkungen zu erklären.
Das Wirkprinzip des Fliegens ist das Newton'sche Kraftgesetz.
Die Ursache des Fliegens ist ein abwärts beschleunigen von Luftmasse durch die Flügel des Flugzeugs, die unmittelbare Wirkung ist die Rückstoßkraft der Luftmasse nach oben, die Auftriebskraft.

Das abwärts beschleunigen von Luftmasse geschieht nach dem Prinzip der schiefen Ebene. Die schräg leicht nach vorn oben angestellten Flügel bewegen die Luft senkrecht zur Flügelfläche nach unten. Das macht nicht nur die Unterseite, sondern mittelbar durch Sog auch die Oberseite.

Die für Laien und Akademiker gleich lautende richtige Theorie des Fliegens ist:

Ein Flugzeug fliegt nach dem Rückstoßprinzip

Diese Theorie liefert
1) **unmittelbar** die Grundsatzformel für den Auftrieb.
2) die Beantwortung **aller** Fragen in stringenter Linie vom Grundprinzip aus und
3). die nach den physikalischen Regeln geforderte **Allgemeingültigkeit**. Sie gilt also auch für Insekten und den Überschallflug.

Punkt 2 und 3 stellen die Einhaltung der Regeln der Physik für diese Theorie dar, **womit sie definitiv richtig ist**. Mathematische oder gar individuelle Bestätigungen sind weder notwendig noch relevant.

Damit ist das Fliegen abschließend erklärt und das Buch als Erklärung des Fliegens könnte hier zu Ende sein. Im Folgenden kommen nur noch technische Belange zum Zuge.

Technischer Teil

Grundsätzliches

Wie ist der Mensch doch so stolz darauf, erkannt zu haben, daß sich nicht die Sonne um die Erde, sondern umgekehrt die Erde um die Sonne dreht.
Dann erfand er das Fliegen.
Und?
Schon wieder unterliegt er dem gleichen Fehler!
Was ist das für einer?
Er hält sich wieder einmal für den Boß.
Was bedeutet das?
Er glaubt wieder einmal, daß sich etwas an *ihm* vorbei bewegt. obwohl auch hier wieder nur *er* sich bewegt.
Gegenüber was?
Gegenüber der Luft.

Im Flugzeug glaubt der Mensch mit Inbrunst, daß sich die Luft an ihm bzw. dem Flugzeug vorbei bewegt. Daß das nur der Fahrtwind, also nur die Widerspiegelung seiner eigenen Bewegung ist, will er einfach nicht wahrhaben.
Warum ist er so störrisch?
Weil er im Windkanal sieht, wie die Luft an einem Testflügel vorbei "strömt".
Nun, das tut sie tatsächlich.
Aber, wozu braucht man den Windkanal?
Man braucht ihn, um technische Daten zu ermitteln. Das sind Kräfte wie Drücke. Dafür ist es auch egal, ob sich die Luft oder der Flügel bewegt.
Aber: **nur dafür!**

Die physikalische Theorie für das Fliegen muß das Original des Fliegens erklären. Wenn diese Erklärung dann auch für die Kopie zutreffend sein sollte, dann ist das schön, aber irrelevant.
Die etablierte Flugtheorie stammt aber aus dem Windkanal. Eine Theorie aus einer Kopie **muß** aber nachweisen, daß sie auch für das Original zutreffend ist!

Und genau das kann die etablierte Bernoulli-Theorie nicht!

Warum nicht?

64

Weil im Original des Fliegens keine Strömung vorhanden ist. Und ohne Strömung kein Bernoullieffekt. Die Flügel von Flugzeug oder Vogel oder Insekt oder Hubschrauber bewegen sich nämlich gegen die Luft und nicht etwa umgekehrt die Luft ihnen entgegen.

Wie konnte so ein Irrtum passieren?
Ganz einfach: weil es keine Definition für "Strömung" gibt. Warum gibt es keine?
Weil sich die heutige nur mathematisch gemachte Physik nicht darum kümmert. Der Gipfel der Unbekümmertheit ist sogar, daß nicht einmal Physik definiert ist.
Ist das schlimm?
Es gibt, wenn Physik eine Wissenschaft sein will, nichts Schlimmeres!
Denn: wie kann man Physik betreiben, wenn gar nicht definiert ist, was Physik überhaupt ist?

Die Folgen zeigen sich gerade in der Flugtheorie. Nach "Strömung" kommt nämlich das Nächste:
Was ist das?
Aerodynamik.
Und was ist das?
Es ist der Dreh- und Angelpunkt für das Denken der Flugtheoretiker. Was aber ist Aerodynamik physikalisch?

Aerodynamik ist die Übertragung der von Daniel Bernoulli gefundenen Fluid-Dynamik in die Luft. Es sind die Zustandsänderungen von Drücken in **strömenden** Fluiden/Gasen bei durch Querschnittsveränderungen verursachten variablen Geschwindigkeiten. Diese Zustandsänderungen sind die, die sich **ohne Energiezu- wie -abfuhr** in/aus dem Fluid/Gas ergeben.

**Aerodynamik
ist die Lehre der <u>Druckänderungen der Luft</u>
<u>ohne</u> Energiezu- oder -abfuhr**

Nach der schon im populären Teil gefundenen richtigen Flugtheorie ist eine Aerodynamik für das Fliegen aber gar nicht verantwortlich!
Richtig, sie wird weder benötigt noch ist sie an der Auftriebskafterzeugung beteiligt. Allerdings finden bernoulliische Vorgänge im Profilwirbel statt, der ja eine absolute Strömung ist und in der sich das klassische Stromfadenbild ergibt, das ein sich bernoulliisch ergebender Unterdruck über dem

Flügel vortäuscht.

Wenn in der Natur alles so wäre, wie es aussieht, müßte gar nicht geforscht werden. Wir wüßten längst alles. Das Problem beim Fliegen ist nur, daß man nicht sieht, "wie es aussieht": Luft ist unsichtbar!

Das, was ein Flügel mit der Luft macht, ist, Energie in sie hinein zu bringen um aus ihr eine Rückstoßkraft zu gewinnen. Nur deshalb setzt sich die Luft abwärts in Bewegung, was durch nachfolgende Vorgänge zu absinkenden Wirbeln führt.

Aerokinetik
ist die Lehre der <u>Bewegungsänderungen der Luft</u>
<u>mit</u> Energiezufuhr

Flugzeuge fliegen nachweislich mit Energiezufuhr zur Luft. Deswegen benötigen sie auch die entsprechende Energie **zusätzlich** zu der, die für das Durchdringen der Luft, also der nur Überwindung der Widerstände, erforderlich ist. Ein Auto könnte sich ohne Motor bei völliger Widerstandsfreiheit auf ebener horizontaler Strecke fort bewegen, ohne langsamer zu werden. Ein Flugzeug nie! Es braucht für den Auftrieb Leistung.

Damit zum Fachlichen mit zunächst terminologischen Hinweisen.

Das Flugzeug besitzt mit seinen Flügeln eine **Spannweite**.
Hinter dem Flugzeug entsteht eine Flugbahn mit ihrer **Länge** und **Breite**.
In Draufsicht gesehen hat ein Flügel eine **Länge** und eine **Breite**.
In Frontsicht hat ein Flügel eine **Länge**, eine **Tiefe** und eine **Dicke**. Die Tiefe entspricht dabei der Breite in Aufsicht.
Der Flügelquerschnitt, das sogenannte Profil, hat eine **Länge** und eine **Höhe**. Die Länge des Profils entspricht der Breite bzw. Tiefe des Flügels.

Gehen wir nun in die Theorie, die sich historisch gebildet hat. Fehlgeleitet wurde sie durch den zuvor genannten Irrtum, wer sich wirklich bewegt und wer nur scheinbar, und daraus entstandener falscher Terminologie.
Im Gegensatz zur Mathematik ist es unendlich schwierig, Sprache so zu gestalten, daß nur die gewollte Bedeutung beim Empfänger ankommt. Diese und nur diese soll er ja unverfälscht wieder herauslesen können. Deshalb läßt die Zuverlässigkeit dieser normalsten aller Informationswege sehr zu wünschen übrig.

Das Problem zeigt sich auch im Bereich des Fliegens. Obwohl dabei in der Flugforschung die Inhalte beschriebener Sachen oder Abläufe vom gleichen Personenkreis beschrieben und weiter verwendet werden, haben terminologische Fehler größtmöglichstes Unheil in der Theorie angerichtet!
Für die Sprache gibt es keine strengen Vorschriften für die Textformulierung und Ausdrucksgestaltung und kann es auch nicht geben. Das heißt jedoch nicht, daß völlige Freiheit bei der Verwendung von Worten und Begriffen besteht. Es gibt konkrete Regeln. Diese haben aber scheinbar mehr den Charakter von Richtlinien. Der Hauptsinn dieser Festlegungen ist jedoch, eine fehlerfreie Verständigung in Wort und Schrift zu erreichen. Grundgedanke ist dabei, daß alle die gleichen Regeln benutzen. Daß durch Nichtbeachtung dieser Sprachregeln Fehler bis in den Kern physikalischen Verständnisses entstehen konnten, wird im Weiteren wichtigste Erkenntnis werden.

Kommt man in die Verlegenheit, einem Fachbegriffsunkundigen oder Laien eine komplizierte Sache zu erklären, so ist das nur in der einfachen Weise ohne Verwendung spezieller Termini möglich. Wieviel Fachleute haben erst dadurch bemerkt, daß an der Sache, die sie so erklären mußten, etwas nicht so ganz in Ordnung war. Eine alte `Fachsprache´ hat im Laufe der Zeit terminologische Fehler ausgeräumt. Es wird sich hier aber zeigen, daß dazu in der Fluggeschichte sogar hundert Jahre nicht ausgereicht haben.

Für die Flugtheorie sind drei Fälle von ungeschickter bis völlig falscher Begriffsverwendung von Belang. Negative Folgen entstehen dabei von der Größe Null bis unendlich (völlig falsches Ergebnis)! Zur Benutzung der Sprache für die Flugtheorie drei Beispiele.

1) Die Art und Weise, Begriffe zu prägen.
Für die Beschreibung der Dimensionen körperlicher Objekte stehen die Begriffe Länge, Breite, Höhe und Tiefe zur Verfügung. Für den Tragflügel wurde gewählt: Länge für seine größte Ausdehnung, Tiefe für seine Ausdehnung in der Breite und Dicke für die Dimension in vertikaler Richtung.
Für die Beschreibung eines zweidimensionalen Gebildes stehen nach den Sprachregeln zur Verfügung: Länge oder Breite und Höhe. Tiefe ist explizit die Dimension, die ein zweidimensionales Objekt wie z. B. das Flügel-Profil gerade nicht besitzt. Trotzdem wird für die Bezeichnung der Länge des Profils, das ja den Flügelquerschnitt darstellt, der Begriff Tiefe gewählt.

Der Autor kann für diese Abweichung von den überaus sinnvollen Sprachregeln keinen rationalen Grund erkennen, zumal diese Dimension auch noch als Referenzlänge zur Bestimmung der Reynoldszahl dient. Wenn denn unbedingt der Begriff Tiefe in Analogie zum Flügel in der Bezeichnung auftauchen soll, dann ist richtigerweise Flügeltiefe zu verwenden.

Sind Piloten denn so ungebildet, daß man ihnen nicht zutraut, den richtigen Begriff Profillänge der Flügeltiefe zuzuordnen? Sprachlich wird dabei folgendes praktiziert: Der Begriff Tiefe wird vom Objekt Flügel in möglicherweise gut gemeinter (das ist das Gegenteil von gut!) Absicht auf das Objekt Profil `mitgeschleppt´.

Physikalisch entsteht in diesem Fall glücklicherweise noch kein Fehler. Diese Art jedoch, einen Begriff zu verschleppen, stellt das Paradebeispiel für die folgenden zwei weiteren ähnlichen Fälle dar. Bei diesen entstehen dann jedoch, wie sich gleich zeigt, konkrete physikalische Fehler.

2) Die Benutzung des Begriffes Sehne für die Auflagelinie von unten ebenen oder hohlen Profilen. Erstens ist die Auflagelinie an einem heutigen Profil mit seiner nicht übersehbaren Dicke trigonometrisch eine Tangente. Sie geht durch die zwei Auflagepunkte auf einer ebenen Fläche.

Zweitens existiert bei Profilen, die nur einen Auflagepunkt besitzen, die echte Sehne ja ebenfalls noch, ohne daß sie dann anders bezeichnet wird. Es wird ein Begriff für zweierlei Versionen Dinge verwendet.

In Folge dessen wurden die mit der echten Sehne und die mit der Tangente ermittelten physikalischen Werte nicht unterschiedlich gekennzeichnet, so daß Vergleiche dieser beiden Profilarten nicht mehr möglich sind. Es entstand daraus die Mähr, daß dickere Profile mehr Auftrieb erzeugen würden als dünnere.

Das Problem "Sehne" entstand dadurch, daß in der Anfangszeit der Fliegerei durch Auflegen der früheren nur einhäutigen Profile die Linie der Verbindung der Auflagepunkte als Profil-Sehne definiert wurde. Sie wurde Basis für den An- und Einstellwinkel. Später wurden die Flügel dick, also zweihäutig. Und die ließen sich nicht immer auf zwei Punkten auf einer Ebene auflegen wie z. B. symmetrische Profile, die unten so bauchig wie oben sind. Trotzdem wurde die Mittellinie sogar dieses symmetrischen Profils ebenfalls mit "Sehne" tituliert", obwohl sie trigonometrisch gar keine Sehne ist.

68

"Aerodynamiker" kochten sich aber nicht nur dabei ihr eigenes Süppchen.

3) Der falsche Terminus mit unvorstellbar großem Folgefehler für die Flugtheorie, die "Strömung" am Flügel. Der Begriff `Strömung´ wird für etwas verwendet, was gar keine Strömung ist!

Lilienthal ließ Testflügel an einem Karussellarm kreisen und hatte Schwierigkeiten, dabei ihre Auftriebskraft zu messen.
Der Windkanal, erfunden von den Gebrüdern Wright, machte es möglich, am feststehenden Flügel oder gar ganzem Flugzeug zu messen.
Dem kam zu Gute, daß die Werte, **um die es den Technikern <u>nur</u> geht**, gleich bleiben, egal, ob sich der Flügel gegen die Luft oder die Luft gegenüber dem Flügel bewegt.
Das ist Technik. Sie ist nur an Erfolgen interessiert. Da heiligt der Zweck alle Mittel.

Nicht aber in der Physik! Da sind Wahrheiten zu finden!

Und die Flugwahrheit ist, daß sich ein Flugzeug durch die Luft bewegt und die Luft dabei passiv ist.
Und aus dieser Wahrheit ist eine Bernoullitheorie gar nicht mehr möglich!

Die Bernoullitheorie ist eine Theorie aus und für den Windkanal. Deswegen kann sie für das Fliegen in der freien Luft auch keine Vorhersagen machen. Das führte deswegen auch zu Todesfällen, weil die Luftwirbel, die Flugzeuge **zur Herstellung von Auftrieb** verursachen müssen, erst durch diese Unglücke entdeckt wurden. Die richtige Theorie, wie sie zuvor im populärwissenschaftlichen Teil vorgestellt wurde, hätte sie ungefragt voraus gesagt!

Die Bernoullitheorie benötigt strömende Luft. Die glaubt man im Fahrtwind zu sehen.
Aber: Ein Radfahrer würde müde belächelt, wenn er sagen würde, daß, egal, wo er hin fährt, immer Gegenwind hätte. Ein jeder würde erkennen, daß es sein eigener Fahrtwind ist.
Ähnliches geschieht jedoch bis heute unbemerkt weltweit in der Flugtheorie, sie sieht den Fahrtwind als Strömung an.
Das ist auch deshalb leicht, weil der Begriff Strömung noch gar nicht definiert wurde. Mit undefinierten Begriffen sind aber keine Wahrheiten zu finden.

Die Folge davon ist bis heute die Unmöglichkeit, mit dem bisherigen falschen Wissen den Flug durch Gleiten und den mittels schlagender Flügel wie bei der Hummel in einer gemeinsamen Theorie zu vereinen. In diesem Buch ergibt sich diese gemeinsam gültige Theorie durch die insgesamt richtig gestellten physikalischen Zusammenhänge ganz von selbst.

Soweit die Schilderung der drei Fälle über deplazierte Begriffe. Unklarheiten klären sich noch im Folgenden.

Nun noch die Definition des Begriffes `Strömung´. Was diesen Terminus angeht, fand sich in Lexika als Definition nur die wenig spezifische Aussage: Bewegung von Gasen bzw. Flüssigkeiten.
Zur Klärung der Vorgänge am Flügel und zur Entstehung von Bernoulli`schen Effekten reicht das aber nicht aus. Der Autor ist damit genötigt, Definitionen für die unterschiedlichen Formen von Luftbewegungen festzulegen.

Zu klären sind drei Fälle:
Erstens: Luftbewegungen, die einem Druckgefälle folgen. Das ist in freier Natur der Wind. In der Technik die Durchflußbewegung in jeder Rohrleitung. Kennzeichnend im Rohr ist, daß innerhalb der Luft in Strömungsrichtung ein Druckgefälle vorliegt. Die Luft ist in ihrem Inneren aktiv am Strömen beteiligt. Diese Mitbeteiligung ist Hauptkriterium für die Einordnung dieser Strömung. Sie ist der Strömungsfall, den man wohl gemeinhin meint. Wir bezeichnen sie ab jetzt als **echte** oder **innere Strömung**.

<u>Nur</u> in dieser kann ein Bernollieffekt entstehen.

Zweitens: Bewegungen von in sich selbst ruhender Luft, also ohne Druckgradienten.
Als Beispiel sei die Aufwärtsbewegung erwärmter Luft genannt, die sogenannte Thermik. Diese Bewegung entsteht statisch durch das Leichterwerden bei Temperaturanstieg. Die Luft steigt jedoch als in sich ruhende Masse nach oben. Das vorhandene Druckgefälle stellt dabei nur den auch für die benachbarte Luft geltenden absinkenden statischen Druck mit zunehmender Höhe dar. In ihrem Inneren ist die Luft in aufsteigender Richtung völlig inaktiv. Diese innere Nichtbeteiligung am äußerlichen `Strömen´ ist Kriterium für die Definition als **unechte** oder **äußere Strömung**.

Bei diesem aufgeführten Beispiel entsteht jedoch als Folge am Boden durch das Nachsaugen von Luft ein Druckgefälle, das eine echte Strömung in Gang setzt, zuweilen als sogenannte Windhose sichtbar. Dieses Nachsaugen von Luft am Boden behindert übrigens die Aufwärtsströmung der warmen Luft. Für Experten: Durch den abfallenden Umgebungsdruck dehnt sich mit zunehmender Höhe die Luft radial nach rundum aus. Das führt in diese Richtungen zu einer echten inneren Ausdehnungsströmung (und damit auch Temperaturerniedrigung) auf Grund des Druckgefälles von der Mitte des Thermikluftschlauches nach außen.

Drittens: Luftbewegungen, die nur relativ sind, z. B. der Fahrtwind. Dieser ist zwangsweise um jedes sich in der Luft bewegende Objekt vorhanden. Man merke auf, auch und insbesondere am Flugzeug! Natürlich gibt es hierbei überhaupt keine Bewegung der Luft, also keinerlei Strömung. Trotzdem spielt dieser Fall eine schicksalsschwere Rolle.

Daß diese `Phantom´-Strömung hier überhaupt aufgeführt werden muß, liegt an der immer wiederkehrenden Einschätzung des Menschen, sich selbst als Bezugspunkt für beobachtete Geschehnisse einzusetzen.

Für den Versuch, Fachleuten klar zu machen, daß relative Strömungen, das sind die nur scheinbaren, die nur aus der Bewegung des Beobachters entstehen, nur relativ, also fiktiv sind, bekam der Autor von einem Professor zu hören: "Da verstehen sie nichts von relativ".

Ja, was ist relativ? Das ist auch noch nicht definiert, obwohl physikalisch essentiell:

Relativ ist <u>aus der Bewegung</u> gesehen.

Relative Sichten sind also falsche Sichten. Man sieht etwas, was gar nicht so ist. Als Pilot zum Beispiel, daß die Luft an ihm vorbei "strömt", obwohl sie wie beim Radfahren auch still steht. Beide, Radfahrer wie Pilot, sehen an der Luft nur ihre **eigenen** Bewegungen.
Aber genau das kann oder will der Mensch einfach nicht unterscheiden.

Der Gegensatz von relativ ist absolut. Es gibt also relative und absolute Bewegungen. In der Natur können nur wahre, das sind absolute, Bewegungen etwas bewirken. Relative sind fiktiv, d. h. ohne Wirkung!
Wenn relative Bewegung etwas bewirken könnten, wofür gäbe es dann noch ein absolut? Wozu wäre absolut dann überhaupt noch nötig?

Der Bernoulli-Effekt

Der Bernoulli-Effekt ist ein Phänomen der Natur wie das Fliegen auch. Der Bernoullieffekt ist kein Naturprinzip, mit dem irgend etwas Anderes funktionieren könnte! Beide Phänomene bedürfen Erklärungen und sind selbständige Geschehnisse. Keines der beiden hat eine Ahnung von dem anderen.

Der Bernoullieffekt wird nun dargestellt und erklärt. Das hat mit Fliegen noch nicht das Mindeste zu tun. Es genügt dazu jedoch nicht mehr, diesen Effekt mittels ein paar einleuchtenden Worten oder Versuchen wie in der Pilotenausbildung nur bekannt zu machen. Es wird sich nämlich im nächsten Kapitel zeigen, daß seine Bedeutung für das Fliegen-Können zu Null wird. Trotzdem hat er aber recht positive Auswirkungen wie z. B auf den Wirkungsgrad des Fluges (Widerstandsverminderung) im Unterschallflug.

Damit zur Sache. Der nach dem in den Niederlanden geborene Schweizer Physiker und Mathematiker Daniel Bernoulli benannte Effekt sollte interessierte Laien nicht schrecken. Für Piloten ist es ein fundamentaler und zentraler Begriff. Der Effekt ist in der bisherigen Pilotenausbildung aerodynamische Grundlage zur Erklärung des Auftriebs. Da das aber unzutreffend ist, nun die umfassende Klärung dieses Effektes.
Nebenbei wird über das Energiegeschehen in Gasen im Zusammenhang mit Drücken und Geschwindigkeiten Klarheit geschaffen. Im Alltag wird dieser Effekt z.B. in jeder Farbspritzpistole genutzt.

Die Strömungsgesetze für flüssige und gasförmige Medien wurden von dem vorgenannten Daniel Bernoulli entdeckt. Zum Nachvollziehen und Beobachten der dabei stattfindenden Abläufe finden drei Versuche statt.

Allen drei gemeinsam ist:
An einen Behälter mit Luft unter erhöhtem Druck ist mit strömungsgünstigem Übergang eine Rohrleitung angeschlossen, die ins Freie mündet. Die Querschnittsverläufe auf der Länge der Rohrleitung sind in drei Versuchen unterschiedlich gestaltet. Die Rohre stellen wir uns aus Glas bestehend vor und die durchströmende Luft mit Rauchfäden versehen. Diese zeigen uns die Strömungslinien in unserer Betrachtungsebene bei der Durchströmung an. Deren Verläufe gehören zu dem wesentlichen Bestandteil und Ziel unserer Beobachtungen. Die genannten und dargestellten Drücke sind Über- bzw. Unterdrücke bezogen auf den Umgebungsdruck, in den die Luft am Rohrende ausströmt.

72

Versuch 1:

Bei diesem Versuch mit einem Rohr konstanten Durchmessers ist das erwartete Ausströmen zu beobachten. Da wir mehr wissen wollen, werden die Drücke und Geschwindigkeiten der Luft gemessen. Die Meßergebnisse sind in folgendem Diagramm eingetragen.

Schauen wir zunächst auf die Geschwindigkeit v: Von Null im Kessel beginnend steigt sie im Übergang von Kesselwand zum Rohrdurchmesser schnell an und bleibt ab konstantem Rohrdurchmesser ebenfalls konstant bis zur Mündung.

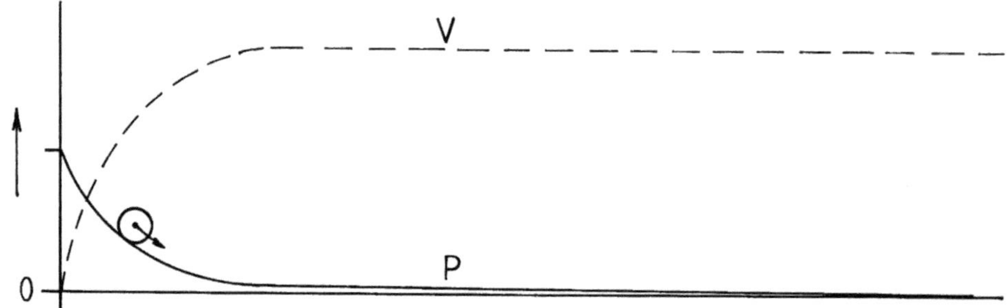

Jetzt der Druck p: Er fängt mit dem Behälterinnendruck an, fällt während des Geschwindigkeits**zuwachses** im Übergang zum Rohr fast ganz bis Außendruck ab. Ein kleiner Rest verbleibt. Über die Länge der Rohrleitung fällt dieser dann bis zu Null am Rohrende ab. An der Mündung des Rohres ins Freie muß zwangsweise Umgebungsdruck herrschen. Das ist unabdingbar von außen vorgegeben.

Wir erhalten erste Erkenntnisse im Bereich des Auslaufs aus dem Behälter bis zum Beginn des gleichförmigen Rohres: Ist der Druck hoch, ist die Geschwindigkeit klein. Und: Bei steigender Geschwindigkeit fällt der Druck.

Diese Entdeckung machte auch Daniel Bernoulli. Es sieht so aus, als ob Geschwindigkeit und Druck miteinander in einer Beziehung stehen. Genau das bestätigte Bernoulli durch seine Untersuchungen. Verschaffen auch wir uns Klarheit. Dazu zeichnen wir die über den Weg vom Behälterinneren bis zur Mündung gemessenen Drücke als Höhenkurve auf. Um die Gechwindigkeitsentwicklung der Luft für uns sichtbarer und damit begreifbarer zu machen, stellen wir uns die gezeichnete Drucklinie als Bahn vor, auf der eine Kugel rollt. Diese wird als Simulation einmal die ausströmende Luftmasse repräsentieren und zum zweiten den qualitativen Verlauf der Geschwindigkeit der Luft darstellen. Physikalisch nimmt sie nicht die gleiche Geschwindigkeit an wie die Luft. Das prinzipielle Schneller- und Langsamerwerden präsentiert sie jedoch korrekt. Lassen wir die Kugel vom Startort loslaufen, so wird sie genau wie die Luft nur im ersten stark abfallenden Teil der Druckbahn rasant schneller. Danach rollt sie auf der ganz leicht fallenden Bahn im Bereich des gleichförmigen Rohrstücks mit der anfangs erreichten Geschwindigkeit bis zum Ende. Das leichte Gefälle braucht sie, um durch die Rollreibung nicht langsamer zu werden.
Analog dazu braucht die Luft das kleine Druckgefälle im geraden Rohr, um Druckverluste durch Reibung an der Rohrwand auszugleichen. Diese Simulation beschreibt die Wirklichkeit sehr gut.

Wir vergleichen:
Die Kugel wird durch die stark abfallende Bahn am Anfang schneller. Wodurch?
Wenn eine Masse (die Kugel) auf Geschwindigkeit gebracht werden soll, muß dafür Energie aufgebracht werden. Das umgangssprachlich verständlichere Wort ist Arbeit. Energie bzw. Arbeit ist Kraft mal Weg. Plastisch ausgedrückt heißt das: Es muß gedrückt oder gezogen und gelaufen werden. Nur Druck- oder nur Zugkraft ist keine Energie! Die Kugel hat die Energie dafür beim Hochheben in diese Lage von uns bekommen. Ihre Energie besitzt sie durch ihre Masse und die Höhe, die wir ihr gegeben haben. Man bezeichnet das als Lageenergie. Diese kann sie auf der abfallenden Bahn in Geschwindigkeitsenergie, die auch als kinetische Energie bezeichnet wird, umwandeln.

Nun muß geklärt werden, wie denn die Luft auf ihre Geschwindigkeit im Rohr kommt. Sie hat im Kessel höheren Druck als außen. Darin, denkt man automatisch, müßte dann also die für das Beschleunigen notwendige Energie stecken. So einleuchtend das erscheint, so unrichtig ist es. Das Druckgefälle vom Behälterinnern bis zum Umgebungsdruck am Austritt der angeschlossenen Rohrleitung stellt für die Luft nur die notwendige Bahn zur Verfügung, auf der sie sich aber wie die Kugel auch aus eigener Energie beschleunigen muß! Das widerspricht natürlich jeglichem Gefühl. Also müssen wir es hier restlos aufklären!

Feststellung:

Würde der Druck die Luft schieben, so müßte diese unverändert am Ende der Leitung ausströmen. Mißt man die Temperatur der Luft im Kessel und beim Ausströmen an der Rohrmündung, so stellt man aber eine Temperaturabnahme fest. (Piloten wissen, daß bei Druckabfall z.B. in der aufsteigenden Luft die Temperatur sinkt!) Warum macht das die Luft? Wozu ist das nötig?

Beim Vorgang des Luftausströmens sind die Druckunterschiede sehr leicht zu beobachten. Der viel wichtigere Temperaturunterschied jedoch fällt dagegen überhaupt nicht auf. In den Größenverhältnissen sind beide auch zu ungleich. Leider ist aber der unscheinbar kleine Temperaturunterschied in Wahrheit derjenige, der physikalisch einzig von Bedeutung ist.

Wir beobachten: Scheinbar wird die Luft durch den Überdruck im Behälter nach außen geschoben. Druck (Kraft pro Fläche) ist aber keine Energie. Zum Beschleunigen der Luftmasse wird aber Energie (Kraft oder Druck mal Weg) benötigt. Woher aber kann die Luft Energie entnehmen?

Des Rätsels Lösung: Aus sich selbst!

Frage: Was hat sie für eine Energie?

Die unglaubliche Antwort: ihre gespeicherte Wärme!

Die große Überraschung: nicht ihr Druck!!!

Was die Wärmeenergie in der Luft mit Geschwindigkeit zu tun hat, soll hier in plastischer, aber wissenschaftlich richtiger Weise erläutert werden. Energie der Lage (hochgehobene Kugel) ist eine Energieform, nämlich die Lageenergie. Bewegungsenergie (die rollende Kugel) ist eine andere, als kinetische Energie bezeichnet. Warme Masse (z.B. heiße Verbrennungsgase im Zylinder eines Automotors) ist noch eine Energieform. Um die beiden letzten Arten geht es nun. Behauptung: Beides ist das Gleiche!

Die für uns ohne weiteres begreifbare kinetische Energie ist ʻMasse mit Geschwindigkeitʼ (rollende Kugel). Und das soll auch Wärme sein?

Durch Zufall beobachtete 1827 der englische Botaniker Brown, daß feinste Pilzsporen auf der Wasseroberfläche mikroskopisch kleine Zitterbewegungen vollführen (Brownsche Bewegungen). Später fand sich die Ursache: Die Sporen werden durch die Bewegungen der Wassermoleküle angestoßen. Es zeigt sich auch, daß das Zittern um so heftiger wird, je höher die Wassertemperatur ist. Daher weiß man, daß die Temperatur für die Geschwindigkeit der Moleküle in einer Masse verantwortlich ist. In einem festen Stoff können die Moleküle natürlich nur an ihrem festliegenden Ruheplatz hin und her schwingen.

Die Erkenntnis: Moleküle besitzen eine kinetische Energie. Der logische Schluß: Die Summe der kinetischen Energieinhalte aller Moleküle in einer bestimmten Masse ist deren Inhalt an Wärmeenergie. Der Unterschied zwischen Wärme- und kinetischer Energie liegt nur darin, daß sich bei der äußeren kinetischen Energie alle Moleküle eines Körpers gemeinsam in eine Richtung bewegen: Der Körper hat eine sichtbare Geschwindigkeit. Bei der Wärmeenergie jedoch bewegt sich jedes einzelne Molekül unabhängig von den anderen in eine Zufallsrichtung. Damit bleibt eine warme Masse an ihrem Ort stehen, obwohl sie sich innerlich heftig bewegt! Wärme wird deshalb auch gern als innere Energie bezeichnet.

Wieviel Energie in einer bestimmten Masse vorhanden ist, hängt von der Größe des Moleküls (Masse, Gewicht) und von dessen mittlerer Geschwindigkeit ab. Die Massen der Moleküle eines Stoffes sind unveränderlich. Die Geschwindigkeit ist also das Maß für die Energiemenge, die sich in einem bestimmten Stoff befindet.

Beweise für die Theorie, daß die Temperatur als Indikator der Wärmeenergie der Bewegungsgeschwindigkeit der Moleküle dient:

Erstens: Wenn alle Moleküle zum Stillstand gekommen sind, ist der absolute Temperatur-Nullpunkt erreicht. Die Wärmeenergie in diesem Körper ist dann Null.

Zweitens: Durch Reibung (=Bewegung) wird Wärme (=Energie) erzeugt. Durch Bewegungen an einem Körper unter Anpresskraft werden die Moleküle rein mechanisch von außen angeschoben! Die Temperatur des Körpers steigt!

Drittens: Je mehr Energie (=Wärme) im Inneren eines Stoffes enthalten ist, desto schneller bewegen sich die Moleküle. Wird je nach Stoff eine bestimmte Geschwindigkeit (=Temperatur) überschritten, so wird der Stoff flüssig. Wird die Geschwindigkeit durch Energiezufuhr noch höher, so wird der gasförmige Zustand erreicht.

Viertens: Erreicht die Geschwindigkeit von Gasmolekülen die sogenannte Fluchtgeschwindigkeit eines Himmelskörpers, so verlassen sie diesen. Auf dem Mond mit seinem vierzehntägigen Tag würde eine dort hingebrachte Atmosphäre so heiß, daß ihre Moleküle durch die der Temperatur entsprechenden Geschwindigkeiten einfach ins Weltall wegflögen.

Was uns im Hinblick auf Strömungen von Gasen interessiert, ist:

Die Temperatur ist das alleinige Maß für die Geschwindigkeit der Moleküle! Für die Erzeugung von Strömungen gilt:

Sie entstehen dann, wenn sich durch das zur Verfügungstellen einer ‘Druckbahn’ alle Moleküle gemeinsam in eine Richtung zum kleineren Druck hin bewegen können, da dort mehr Platz vorhanden ist.

Klären wir im Folgenden, wie das im Einzelnen geschieht.

Dazu bedienen wir uns eines alltäglichen Gerätes, nämlich einer Fahrradluftpumpe! Ausgangszustand ist der zurückgezogene Kolben. Die Austrittsöffnung halten wir mit dem Daumen zu. Innen befindet sich die Luft mit normalem Umgebungsdruck. Wir gehen wieder ‘mikroskopisch’ in diese Luft hinein. Deren Moleküle stellen wir uns als kleine Bälle vor. Diese bewegen sich entsprechend ihrer Temperatur, d. h. je höher diese ist, um so schneller fliegen sie. Jedoch, sie kommen nicht weit. Sie stoßen mit dem Nachbarn zusammen, prallen zurück, karambolieren mit dem nächsten und so weiter. Am Rand stoßen sie natürlich auch gegen die Wände. Eine der Wände gehört zum Kolben.

Was hier geschieht, wird jetzt untersucht. Die ‘Molekülbälle’ stoßen an die Kolbenwand und prallen gleich schnell wieder zurück. Schieben wir den Kolben mit der Stange vor, so verkleinert sich der Raum, in dem die Luft eingeschlossen ist. Damit steigt der Druck. Das ist ja der Sinn der Pumpe. Was machen aber unsere ‘Bälle’? Beobachten wir einen bestimmten. Er fliegt momentan gerade auf die Kolbenwand zu. Diese bewegt sich aber durch unser Schieben ihm entgegen. Er prallt auf und wird wegen der auf ihn zu kommenden Wand mit größerer Geschwindigkeit zurückgeworfen. Das gleiche geschieht mit allen anderen, die auf die Kolbenwand auftreffen. Dieses geht so lange weiter, wie der Kolben vorwärts läuft.

Damit sind jetzt eine ganze Menge der Molekülbälle auf höhere Geschwindigkeit gebracht worden. In dem großen Getümmel geben die schnelleren ihren Überschuß natürlich auch an andere weiter. Es ergibt sich insgesamt dadurch eine höhere mittlere Geschwindigkeit aller Moleküle. Das heißt wiederum nichts anderes als eine höhere Temperatur! Diese Temperaturerhöhung ist mit der Hand beim Aufpumpen eines Fahrradreifens am Pumpenende deutlich zu spüren.

Fazit: Erhöht sich der Druck, was ja nur durch Einengung der Umgebungsgrenzen geschehen kann, dann erhöht sich auch die Temperatur.
Selbstverständlich sinkt die Temperatur dann wieder, wenn der Druck reduziert wird.
An der dann zurückgehenden Kolbenwand prallen die Moleküle dann mit einer langsameren Geschwindigkeit wieder zurück.
In der Wärmelehre nennt man diesen Vorgang der Druckänderung (ohne Zu- oder Abfuhr äußerer Energie) eine adiabatische Zustandsänderung. Der Begriff ist Piloten aus der Meteorologie durch den Temperaturverlauf aufsteigender Luft bekannt. Diese dehnt sich durch den abnehmenden Druck mit zunehmender Höhe aus. Demzufolge sinkt die Temperatur durch die Ausdehnung. Der Temperaturabfall durch den mit zunehmender Höhe stattfindenden Druckabfall ist der, der nach den Formeln der Adiabate stattfindet. Es findet eine adiabatische Abkühlung statt. Nur durch den dabei stattfindenden Temperaturabfall können sich Wolken bilden, aus denen es regnen kann. Ohne diesen Umstand wäre die Erde wüst und leer!

Wir kommen wieder zu der Luft, die aus dem Behälter in das Rohr strömt. Zwischen Behälter und Rohranfang fällt der Druck ab. Das läßt die Luftmoleküle da hin stürzen, als ob eine Wand an dieser Stelle zurückweicht.

Genau wie das Öffnen der Startgatter beim Pferderennen öffnet eine Druckdifferenz zum niedrigeren Druck hin eine `fiktive´ Tür, durch die die Luftmoleküle zu ihrer Strömung starten können. Der Druck selbst kann weder schieben noch durch Sog ziehen, sondern ein Druckgefälle stellt nur auf der Seite des kleineren Druckes mehr Freiraum für ein Einströmen von Molekülen zur Verfügung.
Genau so, wie bei geöffnetem Gatter die Pferde **sich selbst** auf Geschwindigkeit beschleunigen müssen, müssen sich auch die Luftmoleküle beim Austritt aus dem Behälter **selbst** beschleunigen.

78

Nun sind wir am Ziel: Die Luft wird zwangsläufig kälter, weil sie innere richtungslose Bewegungsenergie (Wärme) an die, durch die Druckbahn gerichtete, äußere Bewegungsenergie (kinetische Energie) der betroffenen Masse abgegeben hat! Es läßt sich eindeutig nachrechnen, daß der Abfall der Wärmeenergie im Gas genau die gleiche Größe hat wie die Zunahme der Bewegungsenergie, die es durch das Beschleunigen erhält! Der Druckabfall ist in gar keiner Weise beteiligt! Im übrigen sind die Vorgänge die gleichen wie in den Zylindern des Automotors: Zwischen den Gebieten mit unterschiedlichen Drücken befindet sich der Kolben. Hierbei fällt beim Entspannungstakt die Temperatur sogar ganz erheblich. Ein Teil der Energie der inneren Bewegung ist in die Kolbengeschwindigkeit übergegangen und fehlt damit den Molekülen. Dieser Wärmeenergie-`Austrag´ aus den Verbrennungsgasen kommt dann als mechanische Energie an die Kurbelwelle. Wenn die absolute Temperatur dabei z. B. auf die Hälfte gefallen wäre, bedeutete das einen Wirkungsgrad von 50%.

Wir fassen das bisherige in allgemeiner Form zusammen:

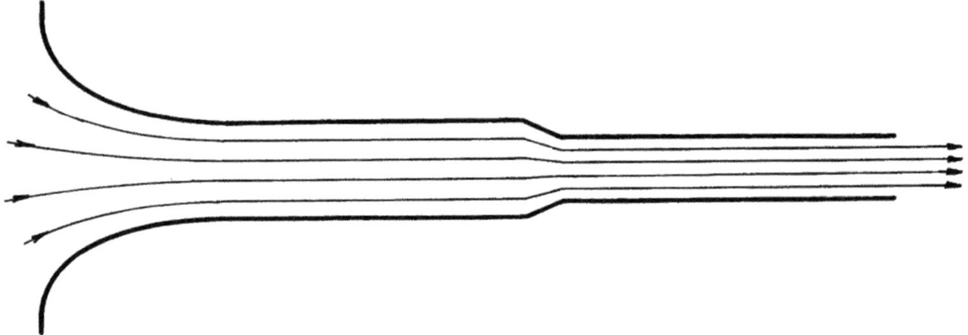

Damit eine Strömung entstehen kann, muß ein Druckgefälle vorhanden sein. Dadurch finden die Moleküle mehr Platz auf der Seite des kleineren Druckes und strömen dort hin. Es ist der gleiche Effekt, wie wenn die Begrenzungswand an dieser Seite zurückweichen würde. Die Folge ist eine größere äußere Geschwindigkeit der entstehenden Strömung auf Kosten der inneren, also der Temperatur. Das Druckgefälle hat für die Luft nur die Funktion eines Beschleunigungsweges genau so wie die dem Druckverlauf nachempfundene Bahn für die Kugel.

Versuch 2.
Das Rohr wird nach der halben Länge konisch dünner bis zum halben

Querschnitt. (Das ergibt einen Durchmesser von 71% des vorherigen.) Das Druckgefälle teilt sich jetzt von ganz allein wie folgt auf.

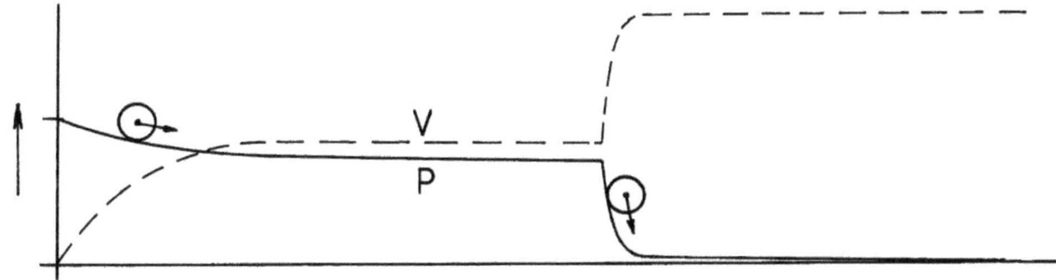

Zuerst wieder der Druck. Er fällt im Übergang zum Anschlußrohr nicht mehr sofort so weit ab wie im ersten Beispiel, sondern nur um ein Viertel der gesamten Druckdifferenz. Im Übergang auf das kleinere dann jedoch bis auf den Restwert zur Überwindung der Reibung im verbleibenden Rohrstück. Die Luft aus dem Kessel beschleunigt sich jedoch im ersten Rohrstück auf die halbe Geschwindigkeit. Beim Übergang auf das engere Rohr dann auf die volle Geschwindigkeit wie im ersten Versuch.
Jedoch ist die Durchflußmenge wegen des nur halben Querschnittes des Endrohres halbiert worden.

Daß der Druck sich im ersten Rohrstück nicht auch auf die Hälfte abgesenkt hat, hängt damit zusammen, daß seine Beziehung zur Geschwindigkeit nicht linear ist. Deswegen gelingt hier der Vergleich mit der Kugel auch nicht ganz. Immerhin läßt sich aber die unterschiedliche Geschwindigkeit in beiden Rohrabschnitten erkennen.

Dritter Versuch.

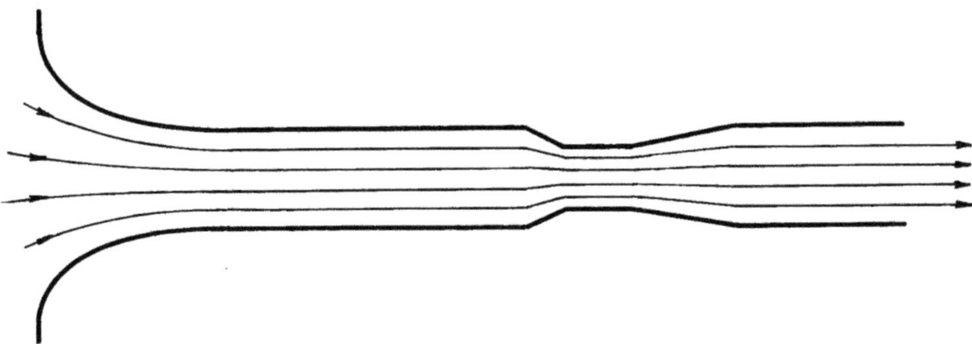

Das dünnere Rohr wird wieder auf den Anfangsdurchmesser erweitert. Die Erweiterung muß konisch und schlank ausgeführt sein.

So, wie sich bei einem Druckabfall die Strömung beschleunigte, ergibt sich bei einer Verzögerung erfreulicherweise wieder eine Druckrückgewinnung. Das macht die Erweiterung, die einen Diffusor darstellt. Er ist das technische Bauteil, das die Luftverzögerung mit Druckrückgewinn mittels richtig gestalteter Querschnittserweiterung ermöglicht.

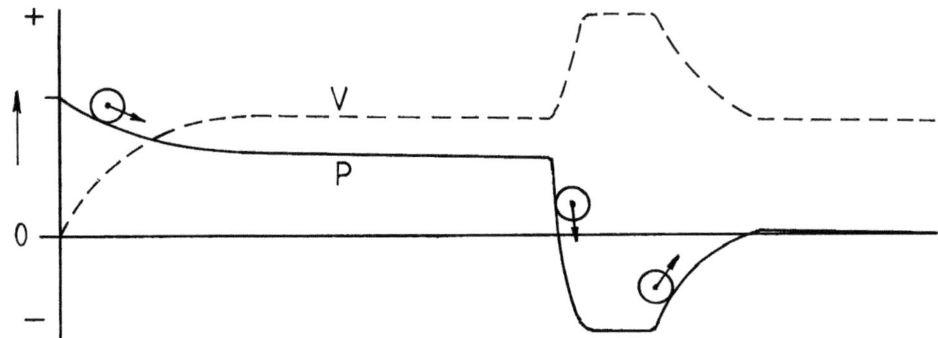

Aus den nachstehend gezeichneten Kurven ersehen wir:
Erstens: Die Endgeschwindigkeit am Rohraustritt ist auch hier die gleiche wie in den beiden vorherigen Versuchen. Es gilt: Sie wird vom Druckgefälle bestimmt. Zweitens: Damit fließt am Ausgang wieder die volle Luftmenge aus, da der 100%ige Austrittsquerschnitt wieder vorliegt.
Drittens: Die Geschwindigkeit im halb so großen Querschnitt ist logischerweise dann doppelt so hoch.
Viertens: Der innere Druck der Luft im engsten Teil ist niedriger als der Umgebungsdruck an der Rohrmündung. Grund: Im Diffusor steigt der Druck durch das Verzögern der Luftgeschwindigkeit an. Da am Rohrende Umgebungsdruck herrscht, muß demzufolge vor dem Diffusor Unterdruck in der Größe des Druckaufbaues im Diffusor herrschen.
Man hat mit dieser Versuchsanordnung im engsten Rohrabschnitt Unterdruck geschaffen.

Auffällig bei der Betrachtung der Strömung in den drei unterschiedlichen Rohrweiten ist, daß bei kleineren Rohrdurchmessern die Seitenabstände der `Rauchfäden´ kleiner werden. Es entsteht der Eindruck von Gedränge, bedingt auch durch das engere Rohr. Die sich einstellende Empfindung erwartet analog zum optischen Eindruck dort einen höheren Druck.
Genau das Gegenteil ist aber der Fall!
Dieses Paradoxon macht das Sensationelle der Entdeckung durch Bernoulli aus.

Der Vorgang ist zu vergleichen mit dem Dehnen eines Gummistranges. Dieser sei am Umfang längs mit Linien versehen. Wird er lang gezogen, so kontrahiert sein Querschnitt zwangsläufig durch die Dehnung. Damit rücken die Linien näher aneinander. Es ist also von den Seiten kein Druck erforderlich, um den Querschnitt und damit auch die Linienabstände zu verringern.

Genau so kann man sich den Vorgang in der Luft vorstellen. Sie wird durch das Druckgefälle an den Enden der Strömung in die Länge und damit zwangsläufig im Querschnitt zusammengezogen.

Wichtigste Grundlage für das Verständnis des Vorganges ist, daß die das Ganze erst hervorrufende Druckdifferenz von Anfang bis Ende der Strömung nicht vergessen wird!!

Damit wird erkennbar, daß im engen Rohrquerschnitt kein Druck, sondern Längs-`Zug´, und das bedeutet Unterdruck, herrscht! Für den Fachmann bedeuten diese Beobachtungen, daß er an Hand der Strömungsfadenabstände schon eine Aussage über den tendenziellen Druckverlauf machen kann: Weite Abstände bedeuten höheren Druck als enge, die niedrigeren Druck anzeigen. Diese Erkenntnis wird später an der durch Rauchfäden sichtbar gemachten Flügel`umströmung´ genutzt.

Fünftens: Der Lauf der Kugel auf der `Druckbahn´ zeigt anschaulich, wie sich der innere Druck einer Luftmasse auf dem Weg von höherem zu niedrigerem Druck ändern kann. Die Kugel zeigt mit ihrem auch die Luftmasse repräsentierenden Verhalten auch den Grund an, wie eine Luftmasse aus einem Unterdruckbereich durch ihre kinetische Energie wieder auf höheren Druck gelangt.

Unbedingte Voraussetzung zur Bildung eines tieferen Druckes gegenüber dem Druck am Ende der Druckbahn ist der Diffusor. **Nur er** macht Unterdruckbildung möglich!

Damit ist die Erforschung des Druck- und Geschwindigkeitsverlaufes der Luft innerhalb von Strömungen abgeschlossen. Aerodynamiker dürfen jetzt beginnen, sich Gedanken zu machen, wie der Flügel das nötige Druckgefälle bewirkt, um die bewußte Strömung für den `Bernoulli´schen Unterdruck zu erzeugen. Die Farbspritzpistole braucht Druckluft mit mehreren bar Überdruck, um den für das Farbansaugen notwendigen Sog zu schaffen!

Zusammenfassung.

Druck ist nur eine Kraftgröße. Er repräsentiert die Summe der Aufprallkräfte der an die Wand prallenden Moleküle. Im Inneren von Gasen bedeutet Druck die Anzahl der Moleküle pro Raumeinheit, vergrößert um deren Anprallgeschwindigkeiten durch die Temperaturbewegungen.

Damit eine Strömung entsteht, muß eine abfallende Druckbahn (Druckgradient) vorhanden sein. Diese hat einen Anfang und ein Ende. Die Druckdifferenz selbst ist nicht an der Entstehung der Strömung beteiligt, sie ist nur eine Voraussetzung: Der Differenzdruck ist eine fiktive `Tür´, durch deren Öffnen der Weg für die Erzeugung einer Geschwindigkeit der Luft **aus sich selbst heraus** ermöglicht wird. Die Druckdifferenz bestimmt die Strömungsgeschwindigkeit am Ende der Druckbahn. Die Beschleunigungsenergie dafür wird von den Bewegungsgeschwindigkeiten der Luftmoleküle im Inneren des Gases entnommen. Die Moleküle werden dadurch langsamer, was eine Temperaturabsenkung der Luft bedeutet: adiabatischer Entspannungsvorgang. Im Gegenzug hat eine Geschwindigkeitsverminderung in einem Diffusor einen Druckanstieg zur Folge. Das hat dann außer dem Druckanstieg auch wieder eine Erwärmung der im engsten Strömungsbereich weiter gesunkenen Temperatur zur Folge. Ist das Ende des Diffusors auch das Ende der Druckbahn in der Atmosphäre, so herrscht vor Eintritt in den Diffusor Unterdruck. Wieviel, bestimmt dieser!

Als Denkhilfe für die Unterdruckbildung in Engstellen vor einem Diffusor mit der höheren Geschwindigkeit darin kann man sich eine `Streckung´ der Luft durch deren `Auseinanderziehen´ in Strömungsrichtung infolge des äußeren Druckgefälles vorstellen.

Das Bernoulli´sche Gesetz

Es sagt aus: Änderungen von Druck und Geschwindigkeit in einer Strömung hängen in umgekehrtem Sinn voneinander ab. Bei höherer Geschwindigkeit erniedrigt sich der Druck und erhöht sich umgekehrt bei Geschwindigkeitsverminderung. Das Gesetz gilt nur innerhalb eines sonst unbeeinflußten Strömungsweges zwischen Anfang und Ende einer Druck-Bahn: Nur das ist sein Inhalt. Es sagt nichts darüber aus, wann und ob eine Strömung entsteht!

Für die Entstehung des Bernoulli-Effektes ist eine echte innere Strömung, ausgelöst durch einen extern geschaffenen Druckunterschied, zwingend erforderlich! Die technisch-industrielle Anwendung des Bernoulli-Effektes zur Schaffung von Unterdrücken erfordert u. U. Anfangsdrücke in zweistelliger Größe! (Z. B. die sogenannten Dampfstrahler zur Absaugung von Luftanteilen aus dem Vakuum in Dampfkondensatoren hinter Dampfturbinen.) Auch hieraus läßt sich ableiten, daß Bernoulli-Effekte nur in Strömungen entstehen können, die von extern zu schaffenden Druckgefällen in

Gang gesetzt werden. Bei den früheren manuellen Parfümzerstäubern mußte durch das Zusammenpressen eines Gummiballs der erforderliche Überdruck zur Entstehung einer Strömung, die dann Bernoulli`schen Unterdruck erzeugen kann, hergestellt werden.

Grundsätzlich gilt: Der statische Druck in einer Strömung wird in einer Verengung niedriger als am Ende eines nachfolgenden Diffusors. Im Diffusor wird durch den Schwungeffekt der Masse des strömenden Gases dieses wieder auf das nachfolgende höhere Druckniveau hinauf `geschoben´. Das ist genau so, wie ein Auto auf Grund seiner Geschwindigkeit ohne Motorkraft noch eine gewisse Steigung hinauf kommt.
Aber: Es kann im Verlauf einer kontinuierlichen Strömung niemals ein höherer als der am Strömungsbeginn herrschende Druck entstehen! Ansonsten wäre dadurch ein Perpetuum mobile möglich.

Der Bernoulliffekt wird beim Fliegen aber an anderer Stelle benutzt.

In den 1950ern Jahren wurden Segelflugzeuge noch mit **Venturirohren** ausgerüstet, die die Geschwindigkeit maßen. Sie wurden an einer Stabhalterung vor dem Pilotensitz auf dem vorderen Rumpfteil montiert, so daß sie sich, zufällig oder mit Absicht, in Augenhöhe des Piloten befanden. Das hatte sogar den Vorteil, daß der Pilot über sie den Horizont anvisieren und so die Längsneigung des Flugzeugrumpfes besser kontrollieren konnte.

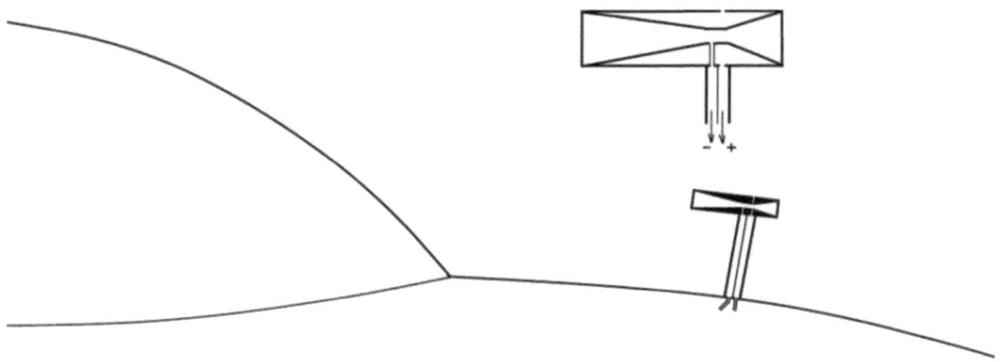

Das Bild zeigt ein solches aufmontiertes Venturirohr.

Wie funktioniert dieses Venturirohr? Nach der Lehre so, wie in der Erklärung des Bernoullieffektes dargestellt. Das heißt, ein Strömungsquerschnitt verengt sich, wodurch eine Erhöhung der Fließgeschwindigkeit eintritt und Unterdruck entsteht durch den nachfolgenden Diffusor.

Die "Strömung" bei der Erklärung des Bernoullieffektes wurde extern erzeugt.

Wo ist in der Luft die Strömung, die die Luft durch das Venturirohr drückt? Das wäre der Fahrtwind, so der Glaube.

Geschwindigkeiten der Luft können mit dem Druck angezeigt werden, der dadurch entsteht, daß die Luft wo aufprallt. Dieser Druck ist der Staudruck. Im Venturirohr entsteht das Gegenteil, ein Unterdruck.

Das Venturirohr ist nun so gebaut, daß es einen Unterdruck erzeugt, der genau so groß wie der entsprechende Staudruck wäre. Man kann also das gleiche Anzeigegerät verwenden, es brauchen nur die Schläuche für den Plus- und Minusdruck getauscht werden.

Der Unterdruck wird im Venturirohr dadurch erzeugt, daß in ihm die Geschwindigkeit der Luft auf das entsprechende Maß erhöht wird, das ist etwa das Eineinhalbfache.

Das heißt: die Verengung im Venturirohr müßte auf etwa Zweidrittel des Eingangs- und Ausgangsquerschnittes reduziert werden.

Genau das ist nun aber überhaupt nicht der Fall. Der engste Durchmesser ist etwa ein Viertel des Ein- und Austrittsquerschnittes. Das bedeutet eine Geschwindigkeitserhöhung vom Sechzehnfachen!

Wie kommt das?

Es ist eben nicht so, wie man glaubt: Fahrtwind ist keine Strömung! Eine Strömung durch das Venturirohr muß nämlich erst erzeugt werden.

Und wie geschieht das hier?

Zum Nachdenken ist das Durchflußloch des Venturirohres gedanklich erst einmal weg zu lassen. An der Front des Venturirohres entsteht dann der Staudruck aus der Geschwindigkeit des Flugzeuges, an der Rückseite entsteht ein Sog in gleicher Höhe wie der Staudruck vorn. Diese zwei Drücke ergeben ein Druckgefälle, das eine echte Strömung durch das Venturirohr erzeugt. Und die muß so schnell sein, damit ein Unterdruck vom Absolutwert des Staudruckes entsteht. Dabei ergibt sich der überraschende und zunächst unverständliche kleine Durchflußquerschnitt.

Also: nicht der Fahrtwind muß sich durch die Engstelle des Venturirohres quetschen, was die Fahrtwindluft, die ja in Wirklichkeit ruhende Luft ist, auch gar nicht kann.

Ein Bernoullieffekt kann nur in einer echten inneren Strömung entstehen, die auf Grund eines Druckgefälles erzeugt wird.

Die Einschleichung des Bernoullieffektes ins Fliegen

Es zeigen sich nun in ganzer Härte die Folgen einer falschen Terminologie. Fahrtwind wird als echte Strömung angesehen, in der ein Bernoullieffekt entstehen müßte.

Zunächst einmal muß man ja fragen, wie man den Benoullieffekt überhaupt findet. Man kann ihn ja nicht sehen, weder in der Luft noch im Wasser. Beide sind durchsichtig, also selbst nicht sichtbar und Drücke können ja eh

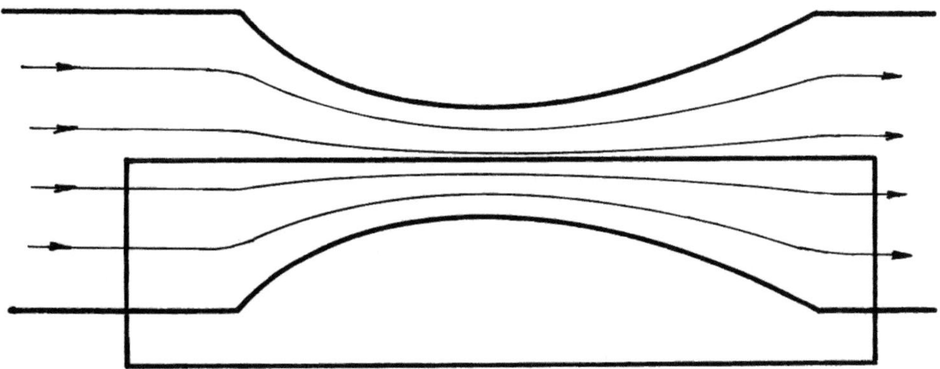

nicht gesehen werden.
Der Bernoullieffekt kann zwar gemessen, aber nie direkt gesehen werden. Man sieht aber seine Symptome. Die zeigen die Bilder im Kapitel zuvor als zusammen rückende Stromlinien. Solche Rauchfäden werden auch im Windkanal verwendet und im vorstehenden Bild dargestellt.

Diese vermeintlich Klärung schaffende Darstellung ist für Piloten die

`Denk´-Basis, die `Mutter´ des Fliegens in jeder Beziehung. Damit sind sie groß geworden.

Die Luftströmung im engsten Teil des Rohres bei Versuch 3 des vorigen Kapitels (Seite 80) bietet in dem eingerahmten Bereich Gleichartiges an:

Vergleicht man die beiden Bilder, so fällt natürlich der fast identische Verlauf der durch Rauch sichtbar gemachten Stromfäden auf. Trotz ihrer Annäherung oder `Verdichtung´, was gedanklich eine Druckerhöhung suggeriert, herrscht gerade hier Unterdruck, das `Bernoulli´sche Paradoxon.
Es liegt allzu nahe, die beiden gleich aussehenden Vorgänge nicht als Zufall, sondern als identische physikalische Abläufe zu betrachten.
Also schließt man daraus nach dem Motto: `Wenn etwas watschelt wie eine Ente und auch so quakt wie eine Ente, dann ist es auch eine Ente´, auf gleiche Ursache für die Entstehung des Unterdruckes an dieser Stelle des Flügelprofils. Messungen bestätigen auch den Unterdruck an den Stellen, wo die Stromfäden aneinander rücken.

Analog hierzu wird den Stromfäden unter dem Profil, die ihren Abstand leicht vergrößern, ein Diffusor-Effekt mit Druckanstieg zugeordnet. Auch dieser Überdruck wird durch Messungen bestätigt.

Ein leichter Zweifel sei hier schon eingestreut. Denkt man sich das Profil in der Position der Rückenfluglage, so dürfte eine einleuchtende Erklärung des Auftriebes nach der Bernoulli-Methode schon sehr viel schwerer fallen! Im Kapitel `Die globale Erklärung des Fliegens´ wird die fundamental einzig mögliche Ursache genannt, die einen gewichtsbehafteten Körper auf Höhe halten kann: Masse nach unten beschleunigen! Im Windkanalbild läßt sich der leicht schräg abwärts fließende Luftstrom hinter dem Flügelprofil als Rückstoßerzeugung interpretieren. Das wäre richtig, blieb aber unbeachtet.

Unklarheiten:
Im Original, d. h. beim Flug durch die ruhende Luft, fehlt eine Strömung! Wie im Kapitel "Der Bernoullieffekt" gezeigt, entsteht der Bernoullische Unterdruck aber nur in einer echten Strömung, die auch extern geschaffen werden muß. Die sich vor dem Flügel in Ruhe befindliche Luft müßte also zum Strömen gebracht werden! Wie sollte das vonstatten gehen?
Der Fahrtwind ist relativ, also falsch bzw. fiktiv! Er kann nichts bewirken.

Zweitens: Die absoluten Bewegungen der Luft mit den Seifenblasen beim

`Durchflug´ (Seite 46) passen nicht in das Strömungsbild des Windkanals hinein. Im Kanal "strömt" die Luft scheinbar unter und über dem Flügel von vorn nach hinten. Leider nimmt das vordergründige Verständnis diese Strömungsversion gern an. Die untere und obere Seifenblase beim Vorbeiflug bewegen sich jedoch absolut gesehen von hinten nach vorn mit dem Flügel! Die kurzzeitige Bewegung der Luft gegen die Flugrichtung über der Oberseite ändert das Gesamtgeschehen auch nicht!
Was stimmt da nicht? -

Bestandsaufnahme: Es paßt physikalisch nicht zusammen!

Fehlersuche:
Der Windkanal simuliert den Vorgang des Fliegens durch Vertauschen der Standorte. Es steht der Flügel und für das in Wirklichkeit ruhende Luftmeer wird ein Ausschnitt davon als **nur äußere Strömung** am ruhenden Flügel vorbei bewegt. Im Versuchskanal erscheint das dann als wirkliche Strömung! Wird das Gesehene jedoch wieder in die Wirklichkeit zurück transformiert, so müssen die genannten Tauschaktionen auch wieder rückgängig gemacht werden! Das bedeutet:

**Mit Fluggeschwindigkeit strömende Luft im Windkanal bedeutet
stehende Luft in Wirklichkeit!!!**

Erkenntnisse:
Grundsätzlich steht die Luft unter und über dem durchfliegenden Flügel. Die tatsächlichen, vom Flügel erst ausgelösten Luftbewegungen, die jedoch nur kleinste Bruchteile der Fluggeschwindigkeit besitzen, werden im Weiteren noch tiefgreifend behandelt, da sie den innovativsten Teil dieses Buches darstellen,.

Der Begriff `Strömung´ wurde aus dem Simulationsbereich des Windkanals unbedacht in die Wirklichkeit transferiert (verschleppt)!
Ergebnis:

**Die im Windkanal erscheinende Luft-"Strömung" am Flügel
gibt es in Wirklichkeit gar nicht!**

Genau das Gegenteil ist richtig: Der Flügel bewegt sich mit seiner Geschwindigkeit durch die ruhende Luft! -

Besinnung:
Die Perspektive des Beobachters vor dem Windkanal ist die gleiche wie die eines Flugzeuginsassen während des Fluges. Sie ist auch gleich der eines Bahnreisenden in einem fahrenden Zug. Der Reisende darin würde beim Blick aus dem Fenster jedoch niemals dem Glauben verfallen, daß die Landschaft draußen an ihm vorbei `ströme´ und nicht er an ihr vorbeifährt! Auch der Fahrtwind würde ihn nicht glauben machen, daß da draußen etwa ein Windsturm tobt! Warum glauben das sogar Fachleute von der Luft beim Blick aus dem Flugzeug hinaus auf den Flügel?

Beweise gegen die `Bernoulli´-Theorie:
Erstens: Rufen wir uns die Beobachtung der Seifenblasen im Abschnitt `Der Durchflug´ in Erinnerung. Dort wird gezeigt, wie die Luft vom Flügel sogar in Flugrichtung mitgenommen wird. Daran ändert auch die kleine `Wiedergutmachung´ nach hinten auf der Oberseite, über die noch gesprochen wird, nichts. Also genau das Gegenteil der im Windkanal scheinbaren Strömung. Und: ohne **echte** Strömung kein `Bernoullieffekt!

Zweitens: Würde allein `Bernoulli´scher Über- und Unterdruck das Flugzeug tragen, so müßte die Luft unter- und oberhalb des Flügels ab einer Entfernung etwa von der Größe der Flügelbreite unbewegt bleiben können. Selbst die Randwirbel würden nicht mehr entstehen, da ihr Auslöser der scharfe Rand der Abwärtsströmung zur nebenstehenden noch ruhenden Luft hinter dem Flügelende ist und nicht etwa der Über- und Unterdruck am Flügelende. Denn dann würden die Wirbel mit ihrer Masse in Höhe des Flugzeuggewichtes nicht absinken, das geht nur mit einem Anschub.
Auch hier das Gegenteil: In der Realität entsteht eine vom Flügel induzierte Luftbewegung über und unter ihm bis in große Entfernungen, mehr als die Spannweite beträgt.

Drittens: Ein Kleinversuch. Man bewege ein Lineal wie einen Flügel horizontal mit etwas Anstellwinkel durch den fadenförmig aufsteigenden Rauch einer Zigarette. Ergebnis: Es wird Rauch mit dem Lineal mitgenommen. Von einer Gegenströmung zur Bewegungsrichtung ist nichts zu sehen. Aber im Vergleich zur Linealbreite wird großräumig Luft nach unten bewegt, die sogar die Kerzenflamme wackeln läßt.

Viertens: Beispiel Doppeldecker: Der von jedem Flügel weit nach oben und unten reichende Bereich von abwärts beschleunigter Luft ist die eigentliche

Ursache für die gegenseitige Beeinflussung des Auftriebs der übereinander liegenden Tragflächen. Deshalb kann der zu nahe zweite Flügel die Luft nicht noch mal so viel nach unten beschleunigen, so daß er weniger zum Gesamt-auftrieb hinzufügt.

Fünftens: Im Vorgriff: Auch der Profilwirbel kann den Auftrieb mit seinem echten Bernoulli-Effekt nicht verursachen, denn bei Überschallflug gibt es ihn nicht mehr. Das Flugzeug fliegt trotzdem.

Ausgerechnet an der Basis der Flugtheorie solch gravierender Irrtum! Für uns alle, die wir so stolz auf unsere vielfältigen wissenschaftlichen Kenntnisse sind, ist das der wohl größte Lapsus aus der Wissenschaft des 20ten Jahrhunderts.

Die absolute Strömung am Profil

Bauen wir die zusammenpassende Physik für den Auftrieb neu zusammen.
Dazu braucht "nur" das in vielen Einzelheiten überwiegend Bekannte richtig
im Rahmen des `Ganzen´ zusammen gestellt werden.

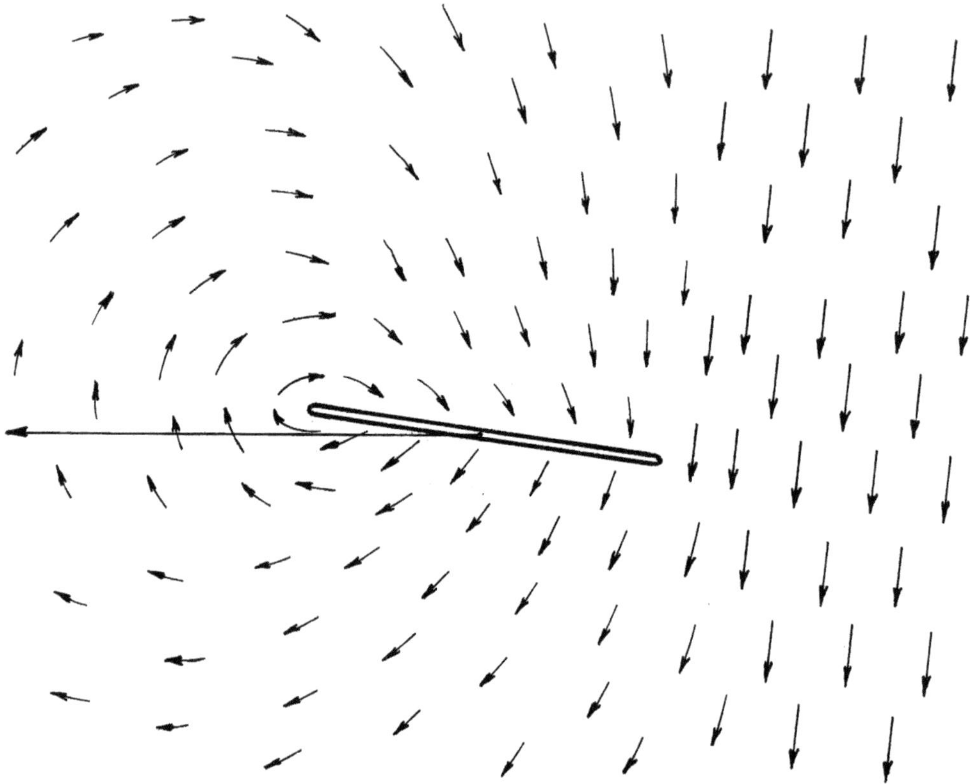

Die Grundlage für den Auftrieb muß dem Prinzip entsprechen, daß Kräfte
nur durch Rückstoß entstehen können. Das ist Grundgesetz für das ganze
Universum! Außer zur Erreichung von Geschwindigkeiten sind Beschleuni-
gungen per Rückstoß (Auftrieb) auch das einzige Mittel, um die nötige
Gegenkraft zur Erdbeschleunigung zu erzeugen. Und nur damit ist ein kine-
tisches Obenbleiben möglich.

Aus vorstehendem Bild entsteht die richtige Erklärung der Entstehung des
Auftriebs.
Das Bild zeigt die **absoluten** Bewegungen der Luft.

Diese beziehen sich auf weit genug vom Flugzeug entfernte und von ihm unbeeinflußte Umgebungsluft.

Diese ist das Koordinatensystem des Fliegens und **nicht** das Flugzeug selbst oder ein Insasse, der ja relativ schaut.

Wirkungen können die Flügel eines Flugzeuges nur dadurch erzeugen, daß sie **Änderungen** der Luftbewegungszustände verursachen. Fliegen findet gegenüber der Luft statt, egal, ob die sich bewegt oder nicht.

Fliegen ist ein kinetischer Vorgang. Die zwei Objekte sind das Flugzeug und die vielen Moleküle der Luft, als Ping-Pong-Bälle vorstellbar. Von ihnen müssen genug nach unten gedrückt werden, damit sie mit ihrer Rückstoßkraft den Auftrieb entstehen lassen.

Das physikalische Grundprinzip des Fliegen heißt:

**Ein Flugzeug kann fliegen,
weil es Luftmasse nach unten beschleunigt,
so daß die Rückstoßkraft daraus den Auftrieb erzeugt.**

oder kurz: **Ein Flugzeug reitet auf abwärts gestoßener Luft.**

Die dünne Platte läßt im Gegensatz zum dicken Profil mit seinen evtl. verwirrenden Einflüssen die der Luft erteilten Bewegungen klarer erkennen. Der feste Beobachtungspunkt liegt natürlich in der unbeeinflußten Luft weit genug vom Flügel entfernt. Die Bewegungen zweier Luftteilchen haben wir im ´Der Durchflug´ schon beobachtet. Sie helfen auch hier mit, das Luftbewegungsbild um den Tragflügel zu finden.

Leider lassen sich die **absoluten** Einzelbewegungen bezogen auf den ruhenden Beobachtungspunkt nicht einfach stationär durch Rauchmarkierung der Luft sichtbar machen. Es muß hierzu ein Vorbeiflug stattfinden, bei dem in einer Momentaufnahme die gerade herrschenden Strömungsrichtungen und –geschwindigkeiten aller Luftteilchen ermittelt werden müssen.

Die vertikalen Strömungen am Profil

Luft erfährt durch die Wirkungen eines Flügels nach dem Prinzip der schiefen Ebene Abwärtsbewegungen an Unter- und Oberseite. Unmittelbare Ursachen dafür sind:

An der Unterseite:
Diese drückt Luft durch ihre Vorwärtsbewegung mechanisch über ihre Schräge (Anstellwinkel) hinab. Da die betroffene Luft hierzu beschleunigt werden muß, bildet sich an der Unterseite der für die Beschleunigungskraft notwendige Überdruck. Der Rückstoß als Reaktion davon ist die Kraft, die unter dem Flügel nach oben drückt. Nach Durchlauf des Profils hat die Luft eine bleibende Geschwindigkeit nach unten erhalten.
Auf der Oberseite:
Diese schafft durch ihre nach hinten abfallende Kontur dort mechanisch Freiraum, in den sich die Luft von oben hinein stürzen muß. Kennzeichnend dafür ist der entstehende Unterdruck. Dieser repräsentiert die Rück`sog´-kraft für die angesaugte und damit sich auch nach unten beschleunigende Luftmasse.
Es scheint logisch, daß der Bereich des Unterdruckes bis zum Profilende reichen muß. Im Überschallflug ohne den Profilwirbel ist das tatsächlich so. Im Unterschallflug zeigt sich jedoch ein Maximum des Unterdruckes etwa über dem höchsten Profilpunkt. Bis zur Flügelhinterkante verringert sich der Unterdruck dann bis zu Null und sieht damit übermächtig nach Bernoulli-ischem Entstehen aus.
Dieser völlig unerwartete Unterdruckverlauf über der Profillänge wird im folgenden Abschnitt `Der Profilwirbel´ jedoch restlos aufgeklärt. Die durch die Profilunter- und -oberseite gemeinsam erzeugten Kräfte für das abwärts beschleunigen von Luft bilden zusammen den Auftrieb, der das Flugzeug trägt.

Der Bereich von nach unten gedrückter und von oben angesaugter Luft geht bis etwa in eine Entfernung nach unten und oben, die der Spannweite des Flugzeuges entspricht. Und das schon in den paar Milli- bis Zehntel Sekunden **ortsfest** an jeder Stelle, an der das Flugzeug gerade durchfliegt.
Damit befindet sich das Leitwerk des Flugzeugs schon in dem zum Fliegen benötigten Abwärtsstrom innerhalb der Spannweite des Flugzeugs.

Störungen in der Gleichförmigkeit der Abwärtsbewegung sind dabei in der Mitte zwischen den Flügeln durch die Rumpfbreite und -form vorhanden.

Die Geschwindigkeit der Abwärtsbewegung der Luft ist gegenüber der Fluggeschwindigkeit jedoch so klein, daß sie als solche bisher überhaupt nicht beachtet wurde.

Bestimmend für die Abwärtsgeschwindigkeit ist die Spannweitenbelastung und der Anstellwinkel, siehe Kapitel `Fliegen durch Wirbel´. Der Flügel stößt und saugt also Luft nach unten. Die Beschleunigungsphase dafür ist nur die Zeit (Milli- bis Zehntelsekunden), in der sich der Flügel um seine Tiefe voran bewegt. Sichtbar wird das als ruckartige Verschiebung unter- und oberhalb der Flügelspannweite an einer `Rauchwand´ beim freien Durchflug eines Testmodells.

Der vom Flügel nach unten in Bewegung gesetzte Luftbereich verdrängt nun beim Abwärtsfließen die Luft unter sich. Diese fließt damit zwangsweise von unterhalb der Flugbahn neben dessen äußeren Seiten hoch und von oben wieder herunter in die Flugbahn hinein. Es sind die im Kapitel `Fliegen mit Wirbeln?´ schon beschriebenen Flügelwirbel. Die Luftverdrängung nach vorn erzeugt den im Kapitel `Wirbel am Flügel´ beschriebenen Profilwirbel.

Eine Luftverdrängung gegen die Flugrichtung um die Flügelhinterkante herum kann nicht stattfinden, da hier der Abwärtsstrom von Luft fließt, der den Profilwirbel erst erzeugt. Nur am Beginn der Flugbahn bildet sich ein Wirbel auch an der Endleiste eines Flügels. Es ist der Anfahrwirbel, der aber ortsfest zurück bleibt.
Der Profilwirbel beinhaltet die gesamte nach vorn in Flugrichtung verdrängte Luft. Wie groß der Umkreis des Profilwirbels ist, läßt sich im Windkanal erkennen: Weit mehr als der bisher mit Zirkulation bezeichnete Bereich. Man schaue dabei nur, wie weit entfernt sich vor dem Flügelprofil die Luft anhebt: in Höhe der Profillänge!
Wir erkennen, daß geschlossen rund um die Flugbahn Luft in Wirbelströmungen vom Überdruckbereich unter dem Abwärtsstrom zum Unterdruckbereich über ihm strömt. Der dadurch entstehende geschlossene Wirbelring stellt somit Sekundärströmungen des für den Auftrieb erzeugten Abwärtsstromes an dazu beschleunigter Luft dar.

Eine wichtige Erkenntnis:
Die in allen so erzeugten Wirbeln (Flügel-, Profil- und Folgewirbel) zur Beschleunigung der beteiligten Luftteilchen in eine gerichtete laminare

Strömung benötigten Kräfte ergeben Auftrieb. Die ebenfalls erzeugten, jedoch ungerichteten Kleinströmungen im turbulenten Randwirbel erzeugen dagegen nur Widerstand. Damit ist die ganz unspektakuläre und **einzige** Ursache für die Entstehung des Auftriebs gefunden:

Auftrieb entsteht aus Rückstoß durch das mechanische Beschleunigen von Luft nach unten mittels des sich dadurch bildenden Überdruckes unter und Unterdruckes über dem Flügel.

Die Sogkraft über dem Flügel ist etwa doppelt so groß wie die Druckkraft unter ihm. Das hat zur vereinfachenden Aussage geführt, daß ein Flugzeug in der Luft hängt. Wir wissen nun woran: an der von oben herab gerissenen Luft.

Der Bodeneffekt: Im Tiefstflug behindert der Boden den freien Abfluß nach unten. Die Luft muß dabei im verbleibenden Raum zwischen Flügel und Boden den Weg nach vorn und nach den Seiten nehmen. Diese Strömungsbehinderung erzeugt einen Rückstau, der einen höheren Überdruck unter dem Flügel zur Folge hat: ein kleiner `Bodeneffekt´ wie beim Hubschrauber. Dieser wirkt sich merkbar in der letzten Phase des Landeanflugs aus. Das manchmal doch recht lange Ausschweben kurz vor dem Aufsetzen wäre in größerer Höhe so nicht möglich.
Desgleichen erklären sich damit die Schwierigkeiten, bei überzogenem Start nach dem zu frühen Abheben sofort an Höhe zu gewinnen: gefährlicher Fehler nach dem Durchstarten!

Soweit die in der Vertikalen erzeugten Luftbewegungen mit ihren Auftrieb erzeugenden Folgen.

Die horizontalen Strömungen am Profil

Der gesamte Vorgang des Ergreifens und des Beschleunigens von Luft in Richtung nach unten geht nicht verlustlos vonstatten. Die Verluste werden in einer Mitnahme der Luft in Flugrichtung sichtbar. Das heißt, der erzeugte Abwärtsstrom fließt nicht senkrecht, sondern leicht schräg nach vorn. Bei großen Anstellwinkeln, also im Langsamflug, wird die Luft noch deutlicher nach vorn gedrückt. Aus diesem Grund ergibt sich dann im Langsamflug der bekannte mächtige Anstieg des Flugwiderstandes.

Zur Erklärung ist folgende Überlegung sinnvoll: Drücke wirken auf Flächen nur in Richtung von deren Senkrechten. Umgekehrt wirken durch Flächen erzeugte Drücke auf die Luft ebenfalls in der zur Fläche Senkrechten. Das gilt auch für die dadurch erzeugten Luftströmungen, die sich mit zunehmendem Abstand dann jedoch auch seitlich ausbreiten.

Da die Ober- und Unterseite der Flügel eine Schräge zur Flugbahn nach vorn oben besitzen, sind die in der Luft erzeugten Strömungsrichtungen der nach unten gedrückten und der von oben angesaugten Luft leicht nach vorn weisend. Das hat zur Folge, daß der ganze vom Flügel erzeugte und auch hinterlassene Luftstrom außer nach unten auch leicht nach vorn fließt. Das heißt weiterhin, daß die erzeugten Flügelwirbel eine leicht nach vorwärts `schraubende´ Bewegung erhalten.
Der Flügel zerteilt die vor ihm stehende Luft bei seinem Durchdringen. Das Wiederzusammentreffen der oberen und unteren Luft geschieht in unterschiedlichen Konstellationen:
Wie uns die Seifenblasen schon zeigten, wird die Luft bei normaler oder größerer Geschwindigkeit unter dem Flügel mehr nach vorn in Flugrichtung mitgenommen als die Luft über ihm. Das hat zur Folge, daß die `Oberluft´ in Flugrichtung nach hinten versetzt auf die `Unterluft´ auftrifft. Das ist auch Ausdruck der Existenz des Profilwirbels. Im Windkanal erscheint das so, als ob die `Oberluft´ hinter dem Flügel schneller `abströmt´! Im extremen Langsamflug wird die Oberluft im hinteren Profilbereich dagegen voll mitgenommen. Im Windkanal erscheint das so, als ob sie gar nicht mehr am Profilende ankommt (Luftstillstand)! Diese Vorgänge sind im Abschnitt `Der Strömungsabriß´ noch von größter Bedeutung. Worüber man kaum spricht: Es gibt einen Anstellwinkel, bei dem am Profilende kein Versatz und einen anderen, bei dem keine Geschwindigkeitsdifferenz zwischen der wieder zusammen treffenden Ober- und Unterluft besteht.

Zum Abschluß eine sichtbare Erscheinung des Unterdruckes oberhalb des Flügels: Die Luft auf der Flügeloberseite hat sich durch den dortigen Sog abwärts beschleunigt. Dazu muß sie innere Energie entnehmen, das heißt, sie wird kälter. Wie alle Piloten wissen, steigt dabei die relative Luftfeuchtigkeit. War diese vorher schon 100%, würde sie bei der Abkühlung darüber hinaus steigen. Das ist aber nicht möglich. Folge hiervon: Die überschüssige Feuchte kondensiert mit Nebelbildung aus. Also bildet sich in der in den Unterdruck stürzenden Luft Nebel. Dieser wird dann über der Tragfläche und/oder im Randwirbel sichtbar. Das geschieht um so ausgeprägter, je höher die Spannweitenbelastung ist, denn sie ist das Maß für die benötigte Abwärtsgeschwindigkeit. Die Nebelbildung erfolgt allerdings nur im nahen Bereich über der Flügeloberseite, wo der Unterdruck für diesen Effekt noch groß genug ist. Der ganze Sogbereich ist wesentlich größer und endet erst in einer Entfernung von weit mehr als der Spannweite.

Der Profilwirbel

Der Lehrbegriff `Zirkulation´ als fiktive Wirbelströmung ist falsch. Warum? Weil dieser Effekt aus einer echten Strömung um die Flügelnase herum von unten nach oben hinten entsteht. Denn es ist der Profilwirbel als Teil des Wirbelringes der Abwärtsströmung um die gesamte Flugbahn aus der Einwirkung des Flügel in die Luft. Seine Bedeutung für die Funktion der Flügelprofile ist überragend. Damit verdient er auch den dafür entsprechenden spezifischen Namen.

Der Begriff Wirbel ist für den Profilwirbel genau genommen noch gar nicht erfüllt. Denn: Die zu ihm gehörenden Luftbewegungen stellen nur die permanente Neu`geburt´ eines Wirbels dar. Würde der Flügel jedoch abrupt anhalten, so würde sich an dieser Stelle um ihn herum ein stationärer Wirbel drehen. Auslöser dafür wäre der an dieser Stelle fortbestehende Abwärtsstrom von Luft hinter dem Flügel.

Der Profilwirbel ist eine wirkliche Luft"strömung" in der Horizontalen: Er addiert sich an der Oberseite des Flügels als wirkliche Strömung zur nur fiktiven des Fahrtwindes. Da man seine wirkliche Existenz aber nicht kannte, führte das dazu, daß die falsche Bernoulli-Theorie entstand.

Nicht beachtet wird bei der Bernoullitheorie, daß die wirkliche Strömung an der Flügeloberseite nur die durch den Profilwirbel in Höhe von ca. 10 Prozent der Fluggeschwindigkeit ist. Eine Addition einer absoluten (Profilwirbel) und einer fiktiven Geschwindigkeit (Fahrtwind) ist jedoch physikalisch verboten. Der Fahrtwind ist ja nur die Widerspiegelung der Bewegung des Flugzeugs.

Ein Bernoullieffekt kann nur aus einer echten Strömung entstehen. Die liegt als Profilwirbelströmung auch vor. Und selbstverständlich entsteht in dieser Strömung auch ein Bernoullieffekt aus der Ursache, daß sich diese um die Flügelnase herum quetschen muß, was einer Einengung gleich kommt. Das notwendige externe Druckgefälle dazu liefert der Überdruck unter und der Unterdruck über dem Tragflügel.

An dieser Stelle ist fest zu stellen:
Weil sich Über- und Unterdruck am Flügel gebildet haben **und damit den Auftrieb schon erzeugten,** entsteht eine Strömung (der Profilwirbel), in deren Verlauf sich durch die Geometrie des Flügels ein Bernoullieffekt bildet.

Dieser Bernoullieffekt ist damit nur eine Folge davon, daß ein Flügel Auftrieb erzeugt!
Die Existenz der Profilwirbelströmung ist für das Fliegen-Können auch gar nicht erforderlich. Im Überschallflug gibt es ihn nicht mehr und trotzdem fliegen die Flugzeuge unverändert weiter.

Da die Addition des Bernoulli'ischen Unterdruckes über dem Flügel mit dem mechanisch kinetisch entstehenden Unterdruck die höchsten Unterdruckwerte nach vorn verschiebt, sieht es so aus, als ob der Unterdruck über dem Flügel aus der Summe des Fahrtwindes plus der Profilwirbelströmung entsteht.
So entstand die Bernoullitheorie für das Fliegen.

Da das einfachen Leuten wie auch Piloten (die nur Pilot und keine Physiker werden wollen) so nicht verständlich gemacht werden kann, wurde didaktisch die Weglängentheorie erfunden, daß sich z. B. die zwei Seifenblasen hinter dem Flügel wieder treffen müßten! Woher sollten die zwei das wissen?

Sichtbar wird der Profilwirbel am deutlichsten dadurch, daß sich paradoxerweise die Luft vor einem Flügel anhebt. Der Flügelwirbel besteht ja aus Luft, die vor dem Flügel hoch quillt. Warum? Weil der Flügel Luft runter drückt.

Die Wirbelbewegung um das Flügelprofil existiert zwar permanent. Die Aufenthaltsdauer des Flügels in der Luft punktuell an einer Stelle ist jedoch, wie am Beispiel des Jumbo schon angegeben, sehr kurz. Selbst bei Langsamflug nur Bruchteile einer Sekunde. Das heißt für den Wirbel selbst, daß er dauernd aus neuer Luft besteht. Es gibt also kein Luftteilchen, das mit dieser `Strömung´ die ganze Profillänge entlang strömt. Ein Luftteilchen kommt beim Vorbeiflug des Flügels auf der Länge des Profils zwar in jede Phase der Wirbelbewegung, macht sie jedoch nur als Pendelausschläge um seinen Standort mit, wie im Kapitel `Der Durchflug´ durch die Seifenblasen sichtbar ist. In www.flugtheorie.de ist eine entsprechende Animation zu sehen.

Kommen wir nun zu den einzelnen Erscheinungen des Profilwirbels.

Die negativ erscheinende Auswirkung
Die Strömung des Profilwirbels über dem Flügel addiert sich mit der Fluggeschwindigkeit und führt damit im vorderen Teil des Flügelprofils zu einer höheren Relativgeschwindigkeit über dem Flügel. Die Erhöhung beträgt im Normalflug etwa zehn Prozent. Bei großen Anstellwinkeln im Langsamflug jedoch wesentlich mehr bis zur Größenordnung der Fluggeschwindigkeit selbst. Das vergrößert dort den Reibungswiderstand. An der Unterseite ergibt sich aber eine kleine Verminderung der Geschwindigkeit gegenüber dem Flügel.

Die positiven Auswirkungen
Als erstes hilft der Profilwirbel ungemein mit, den Flügelwiderstand zu senken. Das hat insbesondere für den Segelflug essentielle Bedeutung.

Würde auf der Flügeloberfläche bis hinten zur Endkante hin Unterdruck herrschen, wie es ohne ihn wäre, so würde auf der nach hinten abfallenden Flügeloberfläche eine nach hinten gerichtete Komponente der Gesamtluftkraft entstehen. Und die wäre Widerstand!

Was passiert aber wirklich? Die Luftmenge des Profilwirbels füllt den Raum bis zur Flügelhinterkante so auf, daß am Flügelende wieder Umgebungsdruck herrscht.

Noch wirksamer ist die Wirbelströmung um das Profil herum dadurch, daß sie die von oben angesaugte Luft elegant nach hinten über die Endkante des Flügels hinaus schiebt, so daß sie ungehindert nach unten fließen kann.

Etwas Schöneres hätte man sich nicht wünschen können! Beim Überschreiten der Schallgeschwindigkeit gibt es einen Widerstandssprung, da der Profilwirbel dann nicht mehr existieren kann.

Insgesamt verhilft der Profilwirbel damit zu einer großen Variation der fliegbaren Geschwindigkeit. Besonders der Langsamflug wird, wie sich anschließend gleich zeigen wird, durch das ausreichende Auffüllen des Diffusorbereiches mit Luft überhaupt erst ermöglicht! Als `Flieger´ kann man der Natur dafür gar nicht dankbar genug sein.

Die Nicht-Wirkung

Ein Wirbel hat zwar starke bis stärkste innere aerodynamische Kräfte, aber als Ganzes ist er ein Spielball der ihn umgebenden Luft ohne eigenen Halt. Das sieht man besonders deutlich an den gefürchteten Tornados im Süden der USA. Sie sind innen fürchterlich zerstörerisch. Als Ganzes werden sie jedoch mit jedem schwachen Wind beliebig über die Landschaft geschoben.

In den vielen Flugtheorien ist auch eine Wirbeltheorie enthalten. Sie strotzt von Unkenntnissen über Wirbelentstehungen.

Fliegen entstünde durch einen Wirbel. Damit ist der Profilwirbel gemeint (ohne ihn wirklich zu kennen). Er zusammen mit den Randwirbeln, die hinter dem Flugzeug am Boden enden bilde einen Hufeisenwirbel. Der Profilwirbel sei ein *tragender* Wirbel, was für ein Unfug!

Nur ein Lügenbaron Münchhausen konnte sich am eigenen Schopf hoch ziehen, aber nicht ein vom Flugzeug erst erzeugter Wirbel das Flugzeug.

Denn: Wirbel sind immer nur die Folgen von Etwas, niemals die Ursache für Etwas. Wirbel entstehen an der Grenzfläche unterschiedlich bewegter Luft-/Wassermassen! Daß Wirbel etwas tragen könnten, ist blanker Unsinn.

Die gefährlichste Auswirkung

Neben diesen guten hat der Profilwirbel jedoch durch seine starken inneren Kräfte auch einen gefährlichen Einfluß: Er bewirkt bei zu großer Hecklastigkeit an Flugzeugen das Aufbäumen in seiner Drehrichtung. Das hat, da diese Wirkung naturgemäß im Langsamflug am stärksten ist, bei militärischen Delta-Flugzeugen im Landeanflug schon zum plötzlichen Umschlagen nach hinten geführt.

Zusammenfassung des Profilwirbelgeschehens

Zuerst wird Luft durch die horizontale Bewegung des Flügels fast vertikal nach unten beschleunigt. Das erzeugt den Auftrieb. Die von der Flügelunterseite und die hinter dem Flügel von Ober- und Unterseite abwärts bewegte Luft verdrängt in Flugrichtung die vor dem Flügel liegende Luft nach vorn und in weiterer Folge nach oben und erzeugt damit die Profilwirbelbewegung. Diese läßt dann auf ihrem Weg durch Bernoulliisches Geschehen das Unterdruckmaximum im schon vorhandenen großen Unterdruckgebiet über dem Flügel nach vorn verschieben. Zusätzlich füllt die Profilwirbelmenge dann noch das eigentlich entstehende Unterdruckgebiet über dem hinteren Flügelteil auf und macht es damit nicht mehr erkennbar.

Besser, als es hier geschieht, kann sich die Ursache der Auftriebserzeugung mit ihren eigenen Folgen gar nicht tarnen! Und wir alle sind darauf reingefallen! Und das nur, weil es versäumt wurde, eine eindeutige Terminologie zu gestalten, die den Unterschied zwischen Simulation (Windkanal) und Wirklichkeit klar zum Ausdruck bringt.
Der schlagendste Beweis gegen die `Bernoulli´-Theorie ist unzweifelbar die Tatsache, daß bei Überschallgeschwindigkeit ohne den dann nicht mehr existenzfähigen Profilwirbel ein Flugzeug immer noch fliegt. Nämlich durch den `mechanisch´ erzeugten Über- und Unterdruck zum abwärts Beschleunigen von Luft.

Das Papierexperiment.
Dieses hebt sich sehr eindrucksvoll an beim horizontalen Anblasen über die Oberseite.
Aber: es hebt sich auch hoch, wenn es nicht gewölbt ist und der Blasstrahl das obere Papierende tangiert.

Was passiert wirklich?
Der horizontale Blasstrahl schiebt die Luft über dem Papierblatt weg, so daß auch welche von unten nachgesaugt wird. Damit hebt sich das Blatt mit hoch. Das ist alles: ein rein mechanischer Vorgang..

Geometrie und Wirkmechanismen der Flügelprofile

Das neue Wissen ermöglicht es nun, die Vorgänge der Auftriebserzeugung am Flügel in einleuchtenderer Weise darzustellen. Die nun klar erkannte Ursache für den Auftrieb, nämlich Rückstoß durch die nach unten beschleunigte Luftmasse, führt zum richtigen Weg.

Benötigt wird eine Fläche, die Luft ergreifen und während der Vorwärtsbewegung nach unten beschleunigt. Dazu braucht sie noch nicht einmal eine besondere Profilierung. Im Rückenflug mit dem dann in falscher, das heißt umgekehrter Lage betriebenen Flügelprofil wird die Luft auch noch nach unten bewegt, und das Flugzeug fliegt. Selbst im Rückwärtsflug, wenn er steuerbar wäre, würde Auftrieb entstehen können. Das beweist die Tatsache, daß ein an einem Modellflugzeug verkehrt installierter Propeller dieses immer noch, wenn auch langsamer, durch die Luft zieht, obwohl dabei das Propellerblattprofil sogar gleichzeitig in Rückenfluglage und `Rückwärtsflug´ betrieben wird: Das spitze Profilende zeigt in Drehrichtung nach vorn! Wir erkennen daraus, daß die Profilform für das Fliegen-Können keine Rolle spielt, solange die Länge des Profils nur groß genug gegenüber der Profildicke ist, die Luft also `gegriffen´ werden kann. Entscheidende Auswirkungen der Profilformen des Flügels ergeben sich jedoch für erreichbare schnelle wie langsame Geschwindigkeiten, sowie für wirtschaftliches (widerstandsarmes) und insbesondere auch sicheres Fliegen.

Die Geometrie des Profils

Es sind drei Begriffe zu erläutern:
1. Der Nasen- und Endpunkt
2. Die Profilkrümmung
3. Die Profilsehne

1. Der Nasen- und Endpunkt

Es sind dies zwei notwendigerweise zu fixierende Punkte eines Profils. Sie sind für eine eindeutige Lage- bzw. Richtungsbestimmung des Profils nötig. Weiter stellen sie die Endpunkte dar für: die Mittellinie des Profils, die echte Profilsehne und die Länge der Einwirkung des Flügels auf die Luft. Der **Nasenpunkt** ist bestimmt durch den Mittelpunkt des größtmöglichen Kreises, der sich von innen in die vorderste Nasenrundung der Profilkontur einlegen läßt. Der Radius dieses Kreises ist damit auch der Nasenradius für die vorderste Profilrundung. Da das Profil erst ab dem Nasenpunkt die Luft zu lenken beginnt, das heißt sie bleibend beeinflußt, müßte man als 'Erbsenzähler' eigentlich den Nasenkreisradius zur Bestimmung der Flächenbelastung von der Flügelbreite abziehen.

Der **Endpunkt** des Profils ist der hinterste Punkt des immer spitz auslaufenden Profilendes.

Nasenpunkt   Anfangswinkel   Mittellinie   Profilsehne   Endwinkel

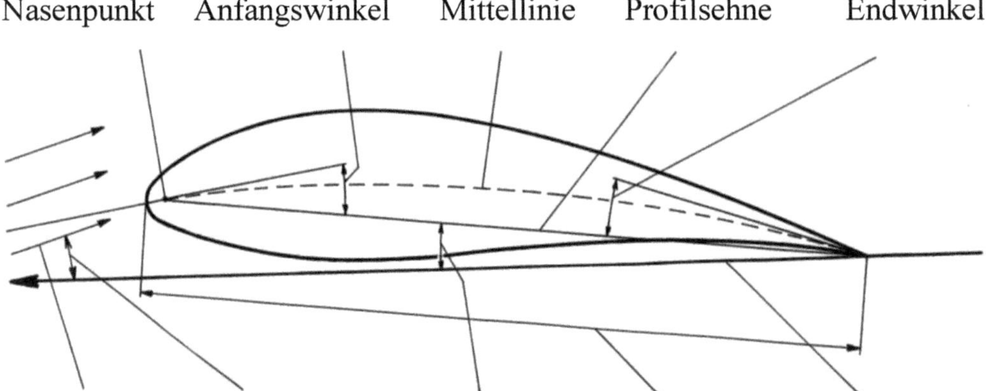

Fahrtwindrichtung   Anstellwinkel   Einstellwinkel   Profillänge   Gleitbahn
oder Flügeltiefe

2. Die **Profilkrümmung**

Diese wird nur von der Profilmittellinie repräsentiert. Wichtig daran ist nicht, wie hoch ihr Bogen über der Profilsehne verläuft, sondern mit welchen Winkeln die Mittellinie am Nasen- und Endpunkt auf die Gerade der Sehne auftrifft. Den vorderen benennen wir mit **Anfangswinkel,** den hinteren mit **Endwinkel.** Der Zwischenverlauf als sinnvolle Verbindung zwischen der vorderen und hinteren Richtung ist ohne größere Bedeutung.

Die Auswirkungen auf den erzeugten Auftrieb verteilen sich dabei nach der Formel über den Auftriebskoeffizienten zu einem Achtel auf den Anfangs- und zu drei Achtel auf den Endwinkel. Der Endwinkel besitzt also eine drei mal höhere Wirksamkeit als der Anfangswinkel. Das hat zur Folge, daß bei gleicher Höhe von Nasen- und Endpunkt (Anstellwinkel von Null Grad) und gleichem Anfangs- und Endwinkel schon Auftrieb entsteht, obwohl die Mittellinie mit ihrem Anfangswinkel eigentlich Luft nach oben schaufeln will! Diese wird jedoch im Verlauf der Profillänge wieder nach unten gelenkt und durch den Endwinkel letztendlich und abschließend doch bleibend nach unten beschleunigt. Es ist gesicherte Tatsache, daß die Größe des erzeugten Auftriebs erstaunlicherweise nur vom Verlauf der Profilmittellinie und dem Anfangs- und Endwinkel bezogen auf die Profilsehne bestimmt wird. Bei gleichem Anstellwinkel (gemessen mit der richtigen Sehne, siehe nachfolgenden Abschnitt `Die Profilsehne´) und gleichem Verlauf der Mittellinie hat ein dickes und ein dünnes Profil gleichen Auftrieb! Dafür folgende Erklärung: Beim Durchgang des Flügels durch die Luft bedeutet die Profildicke für diese nur eine Ausweichbewegung nach oben und unten von der Profilmittellinie weg und wieder zurück. Dabei heben sich die auf beiden Seiten gleich großen, aber entgegengesetzt gerichteten Luftbewegungen und -kräfte gegenseitig auf. Übrig bleibt nur die Auswirkung durch den Verlauf der Mittellinie selbst. Die Profildicke ist jedoch für den Bereich des fliegbaren Anstellwinkels von entscheidender Bedeutung. Je dicker ein Profil und je größer seine Nasenrundung in bestimmten Rahmen ist, um so größer wird der Anstellwinkel bis Strömungsabriß.

3. Die Profilsehne

Zunächst eine Klarstellung: Sehne ist eine Strecke, die einen Teil einer gekrümmten Konturlinie mit der zwischen beiden Linien liegenden Fläche mit abschneidet. Den Begriff Sehne als Verbindung von Nasen- und Endpunkt hat schon Lilienthal eingeführt, um eine Gerade zur Bestimmung des Anstellwinkels zu besitzen. Damit wurde der Begriff Sehne am Profil definiert. Zufällig war die Profilsehne wegen der damaligen nur einhäutigen Profile mit praktisch spitzen Enden auch die Auflagegerade. Die spätere unbedachte Definition der Auflagegerade (obwohl diese dort eine Tangente darstellt) an dicken Profilen als Sehne ist damit unhaltbar, zumal sie nur für Profile mit gerader oder hohler Unterseite Verwendung findet und damit nicht einheitlich an allen Profilformen Verwendung finden kann!

Nur die Sehne der Profilmittellinie von Nasen- bis Endpunkt ist mittels des Anstellwinkels in der mathematischen Formel für den Auftriebskoeffizienten enthalten! Der Bezug auf die Tangente `Auflagegerade´ zur Anstellwinkelbestimmung führt in Windkanalmessungen zu Ergebnisverschiebungen, so daß unterschiedlich vermessene Profilgruppen geschaffen werden, die sich in Folge dessen nicht mehr vergleichen lassen. Z. B. wird die Auftriebspolare um die Auftriebsdifferenz nach oben versetzt, die dem Winkel zwischen Auflagegerade und Sehne entspricht. Die daraus resultierende Aussage, daß dicke Profile angeblich mehr Auftrieb erzeugen würden als dünne, muß also berichtigt werden: Bei gleichem Verlauf der Mittellinie und gleichem Anstellwinkel ist der Auftrieb bei einem dünnen und einem dicken Profil gleich groß! Ein dickeres Profil kann jedoch mit größerem Anstellwinkel betrieben werden. Und nur daraus ergibt sich dann ein entsprechend höherer Auftrieb.

Das Ergebnis:

Profilsehne ist die Gerade vom Nasenpunkt zum Endpunkt des Profils!

Funktionell gehört die Profilsehne nur zur Profilmittellinie! Und: Es gibt nur **eine** Sehne.

Das Profil in der Luft

Hier sind drei Dinge zu erläutern:
1. Die Gleitbahn.
2. Der Anstellwinkel.
3. Der Eintrittswinkel.

1. Die Gleitbahn

Diese ist die Basisgerade für die Bestimmung des Anstellwinkels zwischen Profilsehne und seiner Bewegungsrichtung. Gleitbahn ist die höhenmäßige Bewegungslinie des Flugzeugs aus seitlicher Sicht gesehen. Der Beobachtungspunkt muß in entsprechender Entfernung in der stehenden und vom Flugzeug unbeeinflußten Umgebungsluft liegen. In ruhender Luft (ohne Auf- oder Abwinde) ist die Flugbahn identisch mit der geodätisch beobachtbaren.

2. Der Anstellwinkel

Nachdem das Vorgenannte geklärt ist, machen wir es uns jetzt leicht und bringen es gleich auf den Punkt:

Anstellwinkel ist der Winkel zwischen der Richtung der wahren Profilsehne und der Richtung der Gleitbahn.

Der Anstellwinkel des Flugzeugs läßt sich im Flug leider nicht direkt messen. In Flugzeugnähe gibt es keine unbeeinflußte Luft. Trotzdem ist eine Anstellwinkelmessung, die jedoch leider nur gegenüber der bereits beeinflußten Luft stattfinden kann, sinnvoll. Der Fehler gegenüber dem richtigen Winkel zur Gleitbahn ist sehr vom Einbauort des Fühlers abhängig. Je weiter vorn am Rumpfbug und insbesondere von den Tragflügelvorderkanten entfernt, um so besser. Die Anzeige muß daher für jeden Flugzeugtyp noch richtig interpretiert werden! Flugzeugprototypen werden im Teststadium deshalb zuweilen mit Meßfühlern an weit von der Rumpfnase nach vorn ragenden Rohrhaltern ausgerüstet.

3. Der Eintrittswinkel

Darunter soll der Winkel verstanden werden, mit dem das Profilvorderteil in die vom Flügel schon beeinflußte Luft eintritt.

Da sich die Luft durch den Profilwirbel vor dem Flügel hebt, ist ein gegenüber der Gleitbahn entsprechend nach vorn unten geneigter Beginn der Profilmittellinie ab Nasenpunkt am günstigsten. Das Ziel ist, den Eintrittswinkel auf Null zu bringen. Es ergibt sich dann der widerstandsärmste Betrieb des Flügels. Die relative Bewegungsrichtung der Luft und die Richtung des in sie eindringenden Profilvorderteils sind dabei genau gleich. Das ist natürlich nur bei einer einzigen Geschwindigkeit der Fall. Vom Konstrukteur wird die Geschwindigkeit gewählt, mit der das betreffende Flugzeug am meisten geflogen werden soll. Wenn es ganz genau gemacht werden soll, so müßte wegen der Flügelschränkung (egal ob geometrisch oder aerodynamisch) der Anfangswinkel des Profils über die ganze Flügellänge für einen Eintrittswinkel von Null an jeder Stelle angepaßt werden. Andernfalls ist ein Eintrittswinkel von Null nicht gleichzeitig über der ganzen Flügellänge erreichbar. Die Auswirkung des Eintrittswinkels ist aber nicht so groß, daß ein erhöhter Aufwand gerechtfertigt wäre.

Damit ist die Gestaltung der Flügelprofile und Zuordnung zur Flugbahn geklärt, und wir kommen zum Wichtigsten.

Ruderwirkung am Beispiel des Querruders

Eine für Piloten sicher interessante Angelegenheit: die Wirkung der Steuerelemente. Am interessantesten ist dabei die Betrachtung der Querruder. Wir wollen sie vergleichen mit der in der Frühzeit der Fliegerei verwendeten Methode der Flächenverwindung. Der ganze Flügel wurde in sich verwunden, wie ein Propeller. Das ging deshalb, weil der Flügel nur ein mit Stoff bespanntes "Gitter" war. Dazu gehörten viele Spann- und Verwindungsseile.

Bei dieser Anwendung bleiben Anfangs- und Endwinkel des Flügelprofils unverändert. Für die Auftriebsmodulation an jedem Flügel wird die Anstellwinkeländerung des äußeren Flügelbereichs genutzt.

Betrachtet man eine Verwindung zusätzlich zum vorhandenen Anstellwinkel von sieben Grad, so senkt sich die Endkante gegenüber der Flügelnase bei einem Flügel von eineinhalb Meter Tiefe um weitere etwa fünfundwanzig Zentimeter. Der Auftrieb erhöht sich damit auf Grund der Anstellwinkelerhöhung entsprechend dem Sinus-Wert von sieben Grad um etwa zwölf Prozent.

Vergleichen wir die Wirkung der Flächenverwindung mit dem Ausschlag einer heutigen Querruderklappe mit dreißig Grad Ausschlagwinkel. Der Endpunkt des durch die Klappe geänderten Profils senkt sich bei beiden um fünfundzwanzig Zentimeter. Die Erhöhung des Anstellwinkels beträgt dadurch bei beiden sieben Grad.

Die Summengröße für die Einflüsse von Anstellwinkel, Anfangs- und Endwinkel in der Formel für den Auftriebskoeffizienten ergibt sich aus sieben Grad Anstellwinkelerhöhung minus ein Achtel des Anfangswinkels plus drei Achtel des Endwinkels zu achtzehn Grad. Der Sinus-Wert für achtzehn Grad entspricht für unsere Rechnung einunddreißig Prozent. Das ist somit die Auftriebserhöhung.

Für diese angenommenen Ausschläge der Steuerelemente liefert die Klappenversion also bei gleicher Anstellwinkelerhöhung eine zweieinhalb mal größere Wirkung gegenüber der Flächenverwindung! Ohne gezielte Mithilfe des damals doch eher kleinen Seitenruders war bei den frühzeitlichen Flugzeugen mit Flächenverwindung die gewünschte Wirkung für die Querlagensteuerung meist nur mühsam zu erzielen. Das führte auch noch 1989 zum `Abschmieren´ des Bleriot-Enkels schon bei der ersten Kurve nach dem Start mit einer Original `Bleriot 11´ bei seiner versuchten Kanalüberquerung zur Erinnerung an den Flug seines Großvaters vor 80 Jahren. Trotz vollem Ausschlag der Flügelverwindung als Gegenquerruder kam das Flugzeug nicht mehr aus der Kurvenneigung heraus. Er hatte das Seitenruder versehentlich sogar noch in Kurvenrichtung eingeschlagen (bei diesen Flugzeugen eine Todsünde!). Dazu trug auch bei, daß seine Fluggeschwindigkeit in der Kurve für eine größere Querruderwirkung nicht mehr ausrei-chend war. Eine äußerst negative Eigenheit aller Ur-Oldtimer.

Mit diesem neuen Wissen dürften wir nun ein plastisches Gefühl für den Vorgang des Greifens und Abwärtsbeschleunigens der stehenden Luft durch die Flügel entwickelt haben. Als `Flieger´ wissen wir nun endlich, `worauf´ wir mit dem Flugzeug sitzen, auf Luftmasse.

Der Strömungsabriß

Wenn mit einem Flugzeug langsam geflogen werden soll, ist der Anstellwinkel der Flügel zu vergrößern. Der Rumpf zeigt dann schräg nach oben. Die Flügelunterseite kann nun kräftig Luft nach unten beschleunigen. Das führt dazu, daß auch viel mehr Luft vor dem Flügel hoch quillt. Die Luftmenge des Profilwirbels erhöht sich dabei wesentlich. Die Strömung nur des Flügelwirbels allein wird dabei so groß, daß er mit der Größe der Fluggeschwindigkeit um die Flügelnase herum über den vorderen Flügel strömt. Hinzu kommt der Fahrtwind, so daß die relative Geschwindigkeit der Luft über der Flügelnase geschätzt doppelte Fluggeschwindigkeit beträgt.

Aus dieser Profilwirbelströmung über dem Flügel und deren Verlangsamung durch den Diffusor aus dem sich nach unten erweiternden Raum der schräg abfallenden Flügeloberfläche entsteht ein sehr hoher Unterdruck über dem vorderen Flügelprofil. Unterstellt wird dabei noch, daß die Luftmenge des Profilwirbels ausreicht, um den Raum bis zur Fügelhinterkante auszufüllen.

Dieser bernoulliische Unterdruck überlagert sich dem, der aus dem mechanischen Wegräumen der Luft über dem Flügel entsteht und für den Auftrieb ursächlich ist.

Das heißt, im vorderen Bereich des Profils wird der Unterdruck größer, im hinteren Teil dafür kleiner, am Profilende null. Und das heißt in Folge, daß der zuvor aufgezeigte bernoulliische Unterdruck nichts zum Auftrieb beiträgt. Ansonsten würde ein Flugzeug bei diesem Flugzustand nicht absacken. Es tut es aber.

Warum?

Weil die Flügel mit ihrer Oberseite keine Luft mehr nach unten transportieren. Nur das aber erzeugt Auftrieb.

Wird der Anstellwinkel weiter erhöht, fließt die Luft über dem Flügel nicht mehr bis ganz nach hinten. Die Menge des Profilwirbels ist dazu nicht mehr ausreichend. Es strömt dann dafür Luft von hinten nach vorn auf die hintere Flügeloberfläche. Das Flugzeug ist auch dann noch steuerbar, hat aber eine sehr hohe Sinkgeschwindigkeit. Wird mit dem Anstellwinkel aber eine Grenze überschritten, fällt es, wenn der Schwerpunkt an richtiger Stelle ist, nach vorn ab oder schlimmer, an einem Flügel zuerst und es beginnt abwärts zu trudeln.

Das Bild der kurz vor dem Abkippen bestehenden absoluten Strömungen ist in "Wenn's schief geht" auf Seite 45 zu sehen.

Es gilt also beim Fliegen, diese Zustände zu meiden. Sie sind nämlich auch die, die die Ursache vieler Abstürze sind.
Für besondere Fälle werden solch überzogene Zustände aber bewußt eingesetzt. Russische Flugzeugkonstrukteure haben das für den Luftkampf als Bremsmöglichkeit für die MIG 29 durch entsprechend großen Höhenruderausschlag vorgesehen.

Wie läßt sich der Strömungsabriß hinaus schieben?

Vorflügel (Seite 21/22) haben folgende Auswirkungen: sie erhöhen die Luftmenge des Profilwirbels. Er bekommt dadurch eine Hilfe, besser und damit reichlicher um die Profilnase `herum´ zu kommen. Diese größere Menge kann dann einen durch mehr Anstellung sich ergebenden größeren Raum ausfüllen. Mit Vorflügel wird also der mögliche Anstellwinkel größer. Daneben wird sicherlich auch die oberflächennahe Strömungsgeschwindigkeit erhöht. Aus der Kenntnis des Strömungsvorganges an der Diffusorwand ergibt sich von selbst, daß zusätzlich von außen eingebrachte Beschleunigerströmungen, die die in Wandnähe verringerte Strömungsgeschwindigkeit wieder erhöhen, zu einem verbesserten "Strömung"sanliegen führen. Am Flügel wären sie auch am einfachsten zu gewinnen: Aus dem Überdruckbereich unter dem Flügel könnte Luft auf den hinteren Teil der Flügeloberfläche geleitet werden, die dort aus entsprechend schmalen nach hinten gerichteten Schlitzen in die `Randschicht´ auf der Oberfläche in Richtung Profilende bläst.

Weiter könnte die Anlenkung von Klappen so gestaltet sein, daß durch den dann gewollten Klappenspalt die dort durchströmende Luft so auf die Klappenoberfläche ausgerichtet ist, daß diese die verlangsamte Randströmung wieder beschleunigt. Diese Zusatzströmung wirkt durch den Sogeffekt dann auch noch etwas nach vorn auf die Flügeloberfläche. Am Starfighter waren im Klappenspalt Düsen installiert, die mit Preßluft aus dem Turbinenverdichter gespeist wurden.

Ein anderes, aber sehr aufwändiges, Verfahren ist die ebenfalls bekannte Absaugung der verlangsamten oberflächennahen Strömung. Der große Aufwand hierfür ist jedoch nicht rentabel.

Der Profilwirbel hat also für den Unterschallflug eine überragende Bedeutung, da er überwiegend positive Effekte erzeugt. Andererseits ist er der, der das Mysterium "Fliegen" als ein völlig unverstehbares Bild im Windkanal darstellt.

Im Überschallflug ist der "Verlust" des Profilwirbels aber auch kein Problem. Das Flugzeug ist dabei so schnell, daß der Anstellwinkel so klein wird, daß ein nennenswerter Profilwirbel auch gar nicht mehr entstehen würde.

Der Coandaeffekt

Wenn sich Luft an einer Oberfläche entlang bewegt oder umgekehrt eine Oberfläche an der Luft, so entwickelt sich ein bestimmtes Geschehen. Dieses wird dann deutlich sichtbar, wenn die Oberfläche in der Bewegungsrichtung zurück weicht. Die Luft muß dann der Oberfläche folgen, sich in diese Richtung ausdehnen oder eben hin schwenken.
Dabei entsteht naturgemäß eine Zugwirkung zwischen Luft und Oberfläche. Und die kann zur Trennung der Luft und der Oberfläche führen.

Dieser Vorgang ist nicht mit dem zu vergleichen, der an der Flügeloberfläche beim "Strömungsabriß" eines Flugzeugflügels stattfindet. Dort endet der Kontakt zwischen Oberfläche und Luft dadurch, daß gar keine Luft mehr da ist, die an ihr vorbei fließen könnte.

Daß eine Luft-/Wasserströmung an einer Oberfläche bleibt, verwunderte den rumänischen Physiker Henri Marie Coanda, als er 1910 mit einem selbst gebauten Flugzeugantrieb, der statt eines Propellers einen Nachbrenner, der eher als Raketenantrieb anzusehen ist, als Antrieb hatte. Ein Kompressor speiste eine Brennkammer mit Luft, in der durch Treibstoffverbrennung und Ausstoß der Verbrennungsgase durch zwei Düsen Vorwärtsschub erzeugt wurde. Die Austrittsdüsen rechts und links vom Rumpf, die tangential die Rumpfkontur berührten, setzten dabei das Flugzeug in Brand.

Die Beobachtung, die er dabei aber machte, wird seit dem als Coanda-Effekt bezeichnet. Sie war, daß sich die Austrittsgase im vorderen Rumpfbereich an den sich nach hinten verjüngenden Rumpf anlegten und nicht geradeaus ein bißchen schräg vom Rumpf weg strömten, wie er es gedacht und gebaut hatte.

Was ist nun der Coandaeffekt?
Der Bernoullieffekt ist ein Vorgang von einer Ursache nach einer Wirkung und er kann berechnet werden.
Der Coandaeffekt ist bis heute nur eine Verwunderung darüber, daß sich eine Strömung an einer zurück weichenden Oberfläche anlegt und nicht für sich allein geradeaus vorbei fließt.

In einem Diffusor, wie im Kapitel Benoullieffekt dargestellt, wird erwartet, daß die Strömung im Rohr bei dessen Erweiterung an den Wänden bleibt und nicht mit ihrem Querschnitt von zuvor im dann größeren Rohr weiter fließt. Der Diffusor war vor Coanda aber schon lange bekannt. Warum hat da niemandem das Anlegenbleiben an der sich ebenfalls zurückweichenden Wand des Diffusors verwundert?

Der unbefriedigende Zustand der Erklärung des Fliegen mit dem Bernoullieffekt oder dem "tragenden Wirbel" führte dazu, daß nun auch noch der Coandaeffekt als Flugtheorie herhalten muß. Der Coandaeffekt lenke die "Strömung" nach unten, so daß durch Rückstoß Auftrieb entsteht. Das kommt der Wahrheit zwar näher, ist aber auch noch falsch.

Untersuchen wir den Vorgang an der Wand eines Diffusors.
Wir beobachten dabei nur kleinste Wandabschnitte (Größenordnung wenige Zentimeter). Die Luftströmung fließt zunächst am Beginn einer Erweiterung noch frei an der sich langsam entfernenden (Diffusor-)Wand vorbei. Durch Reibung nimmt die Strömung dabei jedoch die zwischen sich und der Wand befindliche Luft mit. Dadurch entsteht ein kleines Soggebiet, in das hinein sich die Strömung durch das entstandene Druckgefälle zur Seite hin ausdehnt.
Anders gesagt: Die Luft fließt durch ihren Schwung zunächst ohne seitliche Erweiterung voraus. Die Ausdehnung zur Seite hin kann leider erst beginnen, wenn ein Druckgefälle in diese Richtung vorliegt. Dieses muß jedoch geschaffen werden! Glücklicherweise besorgt das die Strömung selbst, wie zuvor geschildert.
Die Strömung an einer Diffusorwand muß also laufend voreilend nicht zu

ihr gehörige Luft zwischen sich und der Wand in sich auf- und mitnehmen, damit sie sich nachfolgend seitlich in den dadurch entstehenden Freiraum ausdehnen kann.

Zusätzlich zum Ansaugen der Strömung zur Seite muß der Sog an der Wand auch noch einen Anteil für die Verzögerungskraft der abzubremsenden Masse der Strömung übernehmen. Im Diffusor wird die Strömungsgeschwindigkeit ja langsamer.

Der geschilderte Vorgang findet in dieser Form natürlich nur beim Anfahren der Strömung statt. Ist diese anschließend stationär vorhanden, muß keine `Räumarbeit´ an der Wand mehr geleistet werden. Es besteht dann eine normale reibungsbestimmte Grenzschicht für die Wandströmung, die dann auch noch höhere `Belastungen´ aushält.

Das führt zu dem Effekt, daß eine durch zu großen Erweiterungswinkel (Anstellwinkel) abgerissene Strömung erst wieder durch eine wesentliche Verkleinerung desselben zum Anlegen gebracht werden kann. Es besteht also eine Hysterese für den Anstellwinkel zwischen Abreißen und Anlegen einer Strömung.

Nun gebt es aber auch hier einen Strömungsabriß. Nämlich, daß sich die Strömung von der Wand ablöst und mit nur dem zuletzt gehabten Durchmesser frei weiter fließt.
Warum?

Die Strömung im Diffusor muß die Wand freimachen, damit sie sich im Querschnitt weiter ausdehnen kann. Nach einer gewissen Strecke ist die Strömungsgeschwindigkeit in Wandnähe durch die zu verrichtende Räumarbeit aber so langsam geworden, daß sie diese Arbeit nicht weiter verrichten kann. Ab da löst sich spätestens die Strömung von der Wand ab.
Frühere Strömungsablösungen sind aber zuvor schon durch Störungen möglich, z. B. rauhe Wand und/oder Fremdkörperanhaftungen.

Bei glatter Wand ist in Rohrleitungen bei einem entsprechend klein optimiertem Öffnungswinkel nach etwa einer Durchmesservergrößerung von max. 4 zu 1 das Funktionieren eines Diffusors am Ende.

Der Coandaeffekt wird am deutlichsten, wenn eine Flasche quer unter den Wasserhahn gehalten wird und Wasser aus dem Hahn tangential an die Flaschenwand trifft. Das Wasser fließt dann an der Flaschenwand entlang bis mindestens horizontal unter die Flasche, manchmal sogar auf der Gegenseite wieder ein Stück hinauf. Wird die Flasche eingeölt, dann ändert das nichts!

Warum bleibt Wasser länger an der Flaschenrundung haften als Luft?

Weil es die Oberfläche nur von Luft frei räumen muß. Unter Wasser würde es Wasser von der Oberfläche frei räumen müssen. Das fällt ihm dann aber genau so schwer wie Luft, die Luft wegräumt.

Das Verhalten von Fluiden an Wänden spielt bei einem anderen Effekt eine sehr große Rolle. Beim Fußballspielen ermöglicht es krumme Flugbahnen der Balles. Auch zu diesem Vorgang wird ein persönlicher Name verwendet. Es ist der im folgenden Kapitel beschriebene Magnuseffekt.

Der Magnuseffekt

Was ist das?

Es ist das, was einen Ball "Banane" fliegen läßt, wie man beim Fußball sagt. Das ist eine seitliche Kurve, die ein Ball in der Luft vollführt, obwohl kein Seitenwind vorhanden ist.

Die "Banane" entsteht, wenn der Ball beim Schuß seitlich getroffen wird und dadurch in der Luft zur Seite hin rotiert.

Beim Tennisspiel wird dieser Effekt nicht nur nach der Seite, sondern auch in der Vertikalen eingesetzt. Der Fachausdruck dafür ist im Tennis "Slice" oder Spin. Mit dem Tennisschläger kann dem Ball in beliebigen Richtungen beliebig Drall gegeben werden. Beim Fußball ist der Effekt in der Vertikalen ebenfalls wirksam. Das fällt aber nicht so auf. Die Beobachtung dafür ist, wie schnell sich der Ball am Ende der Flugbahn senkt.

Es sind aber auch schon Versuchs-Segelschiffe bebaut worden, die keine Segel hatten, sondern eine oder mehrere in einer Reihe angeordnete stehende rotierende Zylinder. Sie bewirken bei Wind durch ihre Drehung eine seitliche Kraft, die ein Schiff vorwärts treiben läßt. Der Erfolg war aber nur, daß das zwar prinzipiell geht, der Vortrieb im Vergleich mit Segeln aber wesentlich kleiner war. Außerdem können diese "Segel" bei Sturm auch nicht eingezogen werden.

Natürlich gibt es für den Magnuseffekt eine Theorie. Für was gibt es auch keine, nur sind leider viele falsch. Und wie könnte diese Lehrtheorie für den Magnuseffekt anders sein als aus dem Bernoullieffekt entstehend: Die Lehre sieht alle Vorgänge in der Luft nur mit der Bernoullibrille.
Diese Theorie mit dem Bernoullieffekt besagt, daß der Ball bei seiner Rotation Luft mit sich herum nimmt, so daß die "Strömung" um den Ball gegen seine Bewegungsrichtung schneller und mit der Bewegungsrichtung langsamer wird. Dadurch entstünden nach dem (falschen) Vorbild der Bernoullitheorie am Tragflügel auf der einen Seite Unter- und an der anderen Überdruck.
Dieser Ablauf ist aber nicht möglich. Der Ball braucht für sein Durchkommen an einer Stelle in der Luft nur Millisekunden. Wie kann er da nennenswerte Luftmengen um sich herum in Mitbewegung versetzen? Das ist einfach unmöglich.

Was wirklich abläuft ist ganz anders. Die folgende Skizze zeigt die tatsächlichen Zusammenhänge auf.

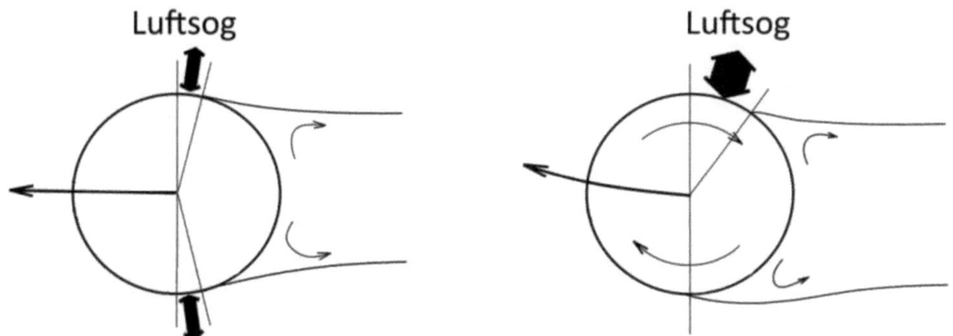

Der Ball links im Bild hat keinen Drall. Hinter seiner dicksten Stelle wird an beiden Seiten etwas Luft auf seine zurück weichende Oberfläche gesaugt. Und zwar so weit, wie auch bei einem Diffusor die "Stömung" noch anliegen würde.
Der Ball rechts im Bild hat einen Drall. Weil sich seine Oberfläche bewegt, hat das Einfluß auf den Punkt, an dem die "Strömung" abreißt. Der Ablösepunkt geht jeweils etwas mit der Bewegung der Oberfläche mit. Das ist am Ball oben nach rechts, also nach hinten. Unten wanderte der Ablösepunkt nach vorn, da ihn die sich drehende Oberfläche nach dort mitnimmt.

Das Luftansaugen geschieht geometrisch dadurch, daß freier Raum durch die Vorwärtsbewegung des Balles geschaffen wird. Das bedeutet eine Unterdruckentstehung. Und die hat zwei Auswirkungen: Erstens wird Luft da hinein angesaugt und Zweitens auch der Ball!
Warum?
Nach Newton's Aktions-Reaktions-Gesetz! Genau so, wie auch am Flugzeugflügel Luft von oben angesaugt wird, was in Folge auch den Flügel nach oben saugt.
Eine Kraft allein gibt es nicht!

Wie sich weiter zeigt, steht die Sogkraft schräg nach hinten auf dem Ball. Das heißt, er wird schneller langsamer. Das fällt beim Tennis am deutlichsten auf, da bei Slice-Bällen der Gegner mehr Zeit hat, um zum Ball zu sprinten.

Man könnte nun sagen, daß der Magnuseffekt diese Vorgänge steuert. Aber, was soll das? Physik ist nicht mit namenbehafteten Effekten wie Bernoulli- oder Coandaeffekten zu machen. Jeder Vorgang der Natur hat seine eigene **dinglich** zu schildernde Entstehungsgeschichte.

Die Widerstände

Sie teilen sich auf Grund der richtigen Theorie aber anders auf als bisher, wobei sich auch ein neu definierter Anteil ergibt.

Die direkten Widerstände:

1. Der Mitnahmewiderstand.

Er besteht aus zwei Ursachen.
Erstens dem **Reibungswiderstand.**
Hervorgerufen wird er durch die Haftung der Luft an der Oberfläche. Glatte und nach neuesten Tests schuppenförmige Oberflächen (Haifischhaut) verursachen den kleinsten Widerstand. Durch Rauhigkeiten der Flügeloberfläche erhöht er sich generell. In allen Fällen wird ausgehend von der direkten Berührung Luft in Bewegungsrichtung mitgenommen, die natürlich

beschleunigt werden muß und damit Rückstoß erzeugt, der dann als Widerstandskraft auftritt. Die Größe des Reibungswiderstandes wächst mit zunehmender Geschwindigkeit. Dieser Widerstand entsteht auch am Rumpf des Flugzeugs.

Zweitens dem **Formwiderstand**.
Er entsteht durch Mitnahme- und auch oszillierenden Effekten.
Der Mitnahmeeffekt ist der für ein Flugzeug größte Anteil im Gesamtwiderstand. Er ist der, der am Bahnsteig nach Durchfahrt eines Zuges als Wind hinter dem Zug her beobachtet werden kann oder in gleicher Weise auch hinter einem LKW. Durch die Form des Flugobjektes wird Luft von der Vorderseite mit in Flugrichtung gestoßen und mit der Rückseite mit nach gesogen.
Dieser "Nachwind" ist beim Auto der, der allgemein als Windschatten hinter einem voraus fahrenden bezeichnet wird. Das ist natürlich sachlich falsch. Das voraus fahrende Auto hält keinen Wind von vorn ab, sondern es erzeugt einen Mitwind, der dem nachfolgendem einen geringeren Fahrtwind beschert.

Der Verdrängungswiderstand.
Er entsteht dadurch, daß Luft vom vorderen sich verdickenden Flugobjekt zur Seite weg gedrückt und am hinteren sich wieder verjüngenden Ende wieder zurückgeholt werden muß, es kann ja kein Loch in der Luft entstehen.

Die der Luft in Richtung des Fluges erteilten Bewegungen sind der zuvor geschilderte Mitnahmewiderstand.
Die der Luft nur seitlich gegebenen Weg- und Zurückbewegungen sind der Formwiderstand.
Die Bewegungen sind zwar nur seitlich, die dafür benötigten Beschleunigungsdrücke auf die Luft liegen aber auf schrägen Flächen der Rumpf- und Flügelkonturen vor und erzeugen somit Kraftkomponenten gegen die Flugrichtung.

3. Der **auftriebsabhängige Widerstand**.
Er ist neu und bisher unbekannt. Er entsteht aus der Auftriebsmechanik und ist neu zu definieren.

Auftrieb entsteht mechanisch durch das Abwärtsschieben und -saugen der Luft nach dem einfachen Prinzip der schiefen Ebene (Anstellwinkel).

Entsprechend dem bei schiefen Ebenen gültigen Kräfteparallelogramm ergibt sich eine notwendige Zug-/Schubkraft. Sie hat die Größe Luftkraft mal dem Tangens des Anstellwinkels. Wäre dieser 45° (was natürlich nicht möglich ist), so müßte mit der vollen Auftriebskraft gezogen werden, also wäre dieser Widerstand dann gleich groß wie der Auftrieb.

Da der auftriebsabhängige Widerstand direkt vom Auftrieb über den (bei gewölbten Profilen äquivalenten ebenen Platte) Anstellwinkel abhängig ist und bei Auftrieb Null ebenfalls Null beträgt, gibt der Autor ihm den Namen: der `**Anstellwiderstand**´.

Er hat erfreulicherweise eine umgekehrte Tendenz: Seine Größe nimmt mit zunehmender Fluggeschwindigkeit ab. Der Grund ist der dann kleiner werdende Anstellwinkel. Das heißt natürlich auch, daß er bei größer werdendem Anstellwinkel im Langsamflug steigt. Und das praktisch linear zu ihm! Er ist neben dem Reibungswiderstand gut berechenbar.

Am Rumpf kommt diese Widerstandsart auch vor, da der mit mehr Anstellwinkel auch mehr Luft nach unten bewegt.

Die indirekten Widerstände.

Am unendlich langen Flügel gibt es nur einen. Es ist auch ein **induzierter** Widerstand. Aber nicht der aus der Lehre, sondern der, der entsteht, wenn sich Ober- und Unterluft hinter dem Flügel wieder treffen. Die Oberluft fließt schneller nach hinter ihm ab als die Unterluft (außer im Langsamflug). Treffen sich beide dann, besteht zwischen ihnen eine Differenzgeschwindigkeit. Damit bildet sich ein Wirbelteppich auf der Flugbahn. Die Energie zu der Wirbelbildung muß das Flugzeug mitliefern, was zu einer Widerstandskraft führt.

Es gibt aber eine Fluggeschwindigkeit, bei der die Abflußgeschwindigkeiten von Ober- und Unterluft gleich ist, so daß dieser Widerstand zu null wird. Beim Segelflugzeug ist das möglicherweise die Geschwindigkeit des besten Gleitwinkels. Durch die Flügelschränkung (egal ob geometrisch oder aerokinetisch) ist der Nullwert jedoch nie über der ganzen Spannweite gleichzeitig erreichbar.

Die Größe ist ausgehend vom vorgenannten Nullwert mit jedem davon abweichenden Anstellwinkel ansteigend.

Widerstand am Flügelende
Hier wird auch ein induzierter Widerstand geboren.

In den Flügelwirbeln entsteht als Kern ein rasant drehender Bereich. Er wird allgemein als Randwirbel bezeichnet. Um diesen Wirbel zu vermindern, werden als letzter Schrei sogenannte "Winglets" angebracht. Das sind kleine, am Flügelende nach zumindest oben zeigende Flügelchen. Ihre Wirksamkeit ist umstritten.

Der durch die Entstehung des hochdrehenden Kerns des Flügelwirbels entstehende Widerstand wird als induzierter Widerstand bezeichnet.

Dieser Wirbel ist auch an Formel 1 Rennwaagen bei Regenwetter mit feuchter Luft als Nebelzöpfe an den äußeren Enden der Heckflügel zu beobachten.

Der Widerstand des Randwirbels ist abhängig von der Spannweitenbelastung ist somit der Hauptparameter für die Höhe des Randwirbelwiderstandes. Seine Größe steigt mit zunehmender Spannweitenbelastung und abnehmender Fluggeschwindigkeit.

Die Interferenzwiderstände

Das unmittelbare Nebeneinander von Flügel und z. B. Rumpf (auch Motorengondeln) erhöht den Mitnahmeeffekt von Luft durch die Wegnahme von Raum für das Verdrängen und Ausweichen der Luft. Auf eines soll hier wieder nachdrücklich hingewiesen werden: Der Flügel/Rumpfübergang produziert auf keinen Fall eine Überströmung, wie zuweilen sogar in Fachzeitschriften dargestellt. Auch am Rumpf gibt es keine Strömung, sondern nur den Fahrtwind! Das Windkanalbild verführt nur zu dieser Auffassung! Ganz im Gegenteil: Die vom nebeneinander liegenden Rumpf und Flügel zu verschiebende Luft wird in Wirklichkeit noch mehr mitgenommen, also im Windkanal langsamer! Die Größe des Interferenzwiderstandes ist theoretisch schwierig zu ermitteln. Sie hängt unmittelbar von der Fluggeschwindigkeit ab, mit deren Höhe sie ebenfalls steigt.

Damit sind nun die wahren Verhältnisse beim Fliegen ausreichend beschrieben und wir können gemeinsam aufatmen! Das Flugrätsel ist nun sauber und verständlich erklärbar.

Eine Quiz-Frage

Ein Flugzeug, z. B eine Piper, hat in der Rumpfbreite ein Kabinendach, das die Form der Oberseite des Flügelprofils von dem einen zum anderen Flügel fortsetzt. Von oben sieht es so aus, als ob der Flügel durchgehend wäre.
Frage: Erzeugt der Unterdruck, der auf dieser Oberfläche entsteht, Auftrieb, der das Flugzeug mit tragen hilft?

Die Antwort: Behält die nach unten strömende Luft die Abwärtsbewegung hinter dem Flügel bei?
Nein.
Also erzeugt diese "Fläche" keinen Auftrieb!

Es ist sogar wahrscheinlich, daß die Propellerluftstrahlen mehrmotoriger Flugzeuge, die den Flügel anblasen, den dahinter liegenden Abwärtsstrom der Luft zum Teil hindern und damit Auftriebsverluste ´produzieren´. Alle modernen Antriebskonzepte mit Strahldüsen halten diese vom Flügel fern!

**Nur die Luftmenge, die noch nach dem Durchfliegen des Flugzeuges
auf der Breite seiner Spannweite nach unten strömt,
hat ihm Auftrieb gegeben!**

Zur Pilotenausbildung

Durch den nun richtig erkannten Sachverhalt der Flugdynamik ergibt sich eine erfreuliche Vereinfachung und bessere Verständlichkeit der theoretischen Ausbildung: Für das Verständnis der Auftriebsgewinnung ist der für neunzig Prozent oder mehr aller Flugschüler nur eingepaukte und nie richtig verstandene ´Bernoulli´sche Effekt nicht mehr nötig. Dessen Detail-Effekte im Profilwirbel können durchaus den Konstrukteuren und Forschern vorbehalten bleiben.
Wichtig für Piloten sind Kenntnisse über die Profilwirbel mit ihren positiven Auswirkungen, die Arten der Entstehung von Widerständen und die Luftbewegungen im gesamten Wirbelring um die Flugbahn. Letzteres hat konkrete Folgen! (Nicht nur für die Pinguine!) Es ist ja schon geschehen, daß ein kleines Sportflugzeug neben der Startbahn durch den seitlichen

Wind des Flügelwirbels eines `Großen´ aufs Kreuz legte! Ein Pilot muß wissen, welche Auswirkungen sein Flugzeug in seiner Umgebung erzeugen und in der Umgebung eines anderen erleiden kann!

Fliegen mittels Flügelschlägen

Vögel schlagen mit den Flügeln. Warum?
Das tun sie nicht, um Auftrieb zu erzeugen! Der entsteht ja auch, wenn sie von einem Baum abwärts gleiten und wie ein Segelflugzeug fliegen.
Warum schlagen sie dann?
Um vorwärts zu kommen!
Die Flügelschläge erfolgen so, daß dabei Luft auch nach hinten beschleunigt wird, so daß sie dadurch die Vorwärtsgeschwindigkeit erhalten, mit der die Flügel so funktionieren wie die am Flugzeug.

Kolibries und Insekten fliegen aber auch auf der Stelle!
Insbesondere die Hummel steht dabei als `Dickstes´ stellvertretend für alle anderen Insekten. Unter denen ist sie der `Jumbo´. Sie stellt mit ihrem überproportionierten dicken Leib für Aerodynamiker mit dem bisherigen Bernoulli-Glauben unmögliche Verhältnisse dar. Daß sie mit den gefühlsmäßig zu kleinen Flügeln nicht gleiten kann, bestätigt sie. Wie sie aber damit überhaupt in der Luft hoch kommt, ist für den Fachmann immer noch ein Rätsel. Die einzige fatalistische Lösung des Problems ist: Sie kann nur deshalb fliegen, weil sie nichts von Aerodynamik versteht. Sie versteht tatsächlich nichts davon, die Schullehre aber auch nicht.

Ein Flugzeug fliegt nicht aerodynamisch, sondern aerokinetisch. Das heißt, Luft muß von einem Flugobjekt aktiv mit einer Aktionskraft nach unten beschleunigt werde, so daß die Reaktionskraft als Rückstoßkraft von unten auf es zurück drückt.
Also muß auch die Hummel Luft nach unten stoßen. Das tut sie und alle anderen Insekten mit horizontalen Flügelschwenkbewegungen mit etwa 45 Grad angestellten Flügeln.

Bei 45 Grad Anstellwinkel ist aber jedes Flugzeug rettungslos verloren, es

sei denn, es hat noch viel Höhe über Grund, so daß es wieder in eine vernünftige Lage gebracht werden kann.
Wie macht die Hummel das?

Sie macht es einfach so und es funktioniert.
Warum?

Ein Flugobjekt kann fliegen, wenn es ausreichend viel Luftmasse nach unten beschleunigt. Flugzeuge machen das auf eine Art, Insekten auf eine andere.
Um Luftkräfte zu erzeugen, sind alle funktionierenden Mittel erlaubt.
Auch Widerstände!
Sie müssen nur nach oben gerichtet sein, denn dann sind auch sie Auftrieb.

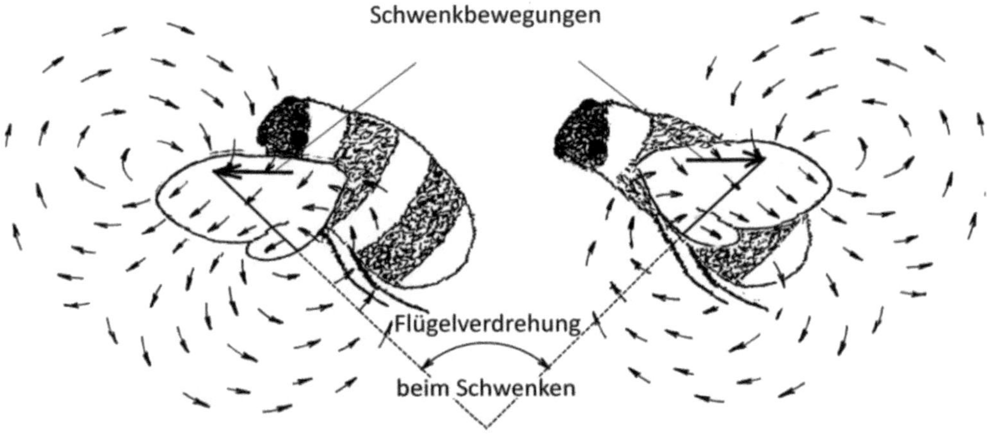

Ein Flügel erzeugt bei 45 Grad Anstellwinkel einen enormen Widerstand. Mit einem Flugzeugflügel verglichen liegt dabei extremer Strömungsabriß vor. Die Luft fließt nicht mehr um die Flügelnase herum, sondern einfach an ihr vorbei. Das Gleiche passiert an der Flügelhinterkante. Und natürlich entstehen dadurch an Vorder- und Hinterkante große Wirbel.
Gedanklich sind die zwei Bilder der Hummel übereinander zu legen, denn beide Flügelstellungen werden an gleicher Stelle vollführt.
Die Luftkrafterzeugung am Insektenflügel fußt auf der Widerstandsbildung. Diese Widerstandskraft ist spürbar, wenn man eine große Pappplatte schnell quer durch die Luft schwenkt. Insekten schwenken ihre Flügel als Pappplatten mit horizontalen Schwenkbewegungen hin und her mit entsprechender Drehung der Flügel. Im Bild sind die gedachten Pappplatten als

Striche mit dem jeweiligen Anstellwinkel der Flügel eingezeichnet. Die Pfeile geben die Schwenkbewegungsrichtungen an.

Mit jedem Flügelschwenk beschleunigen die Flügel wird Luft etwa 45 Grad nach unten. Die Rückstoßkraft daraus ergibt die Luftkraft und entsteht überwiegend aus Widerstand. Der Auftrieb ist dann der vertikale Vektor der Luftkraft und beträgt ca. 70 % der Luftkraft.

Mit diesen 70 Prozent fliegen die Hummel und alle Insekten mit Leichtigkeit!

Damit ergibt sich die Allgemeingültigkeit der Flugtheorie: Auftrieb entsteht aus der Rückstoßkraft nach unten beschleunigter Luft, gültig für Hummel und Flugzeug. Das seit mehr als einem Jahrhundert bestehende Rätsel ist damit gelöst!

In die Wirbel wird von der Forschung einiges hinein gedichtet, um aus ihnen einen Auftrieb nach aerodynamischem Gedankengut heraus interpretieren zu können mit dem Ergebnis, daß die Wirbel die Ursache der Auftriebsbildung wären. Was für ein Unsinn, denn:
Wirbel sind keine Dinge, die etwas bewirken können, sondern ausschließlich die Indikatoren für zuvor statt gefundene Luftverschiebungen.

Einen Vorteil hat die Hummel gegenüber einem von Menschen gebauten Fluggerät: Als Lebewesen mit Empfindungen fühlt sie genau die Wirkung der Flügelschläge. Sie kann also jederzeit die Winkel beim Hin- und Herschwenken variieren. Das ist für die Änderung der Flugrichtung sowieso erforderlich. Sie dürfte ebenso bemerken, wenn sie von ihren selbst produzierten Wirbeln positiv oder negativ beeinflußt wird und dementsprechend ebenfalls mit Änderungen der Flügelstellungen bzw. durch Ausweichbewegungen und Modulation des Schlaghubes darauf reagieren. Genauso ist es ihr nicht verborgen geblieben, daß sie es stationär an gleicher Stelle schwerer hat, die Höhe zu halten. Sie befindet sich dabei nämlich im von ihr selbst verursachten Abwind, in dem sie es natürlich schwerer hat, die Höhe zu halten. Sie vollführt deshalb rhythmische Rechts-Links-Schlenkerbewegungen, damit sie immer wieder in noch ruhende Luft kommt. Wobei das aber nicht nur ruhende, sondern sogar aufsteigende Luft sein kann. Die ist die Luft der äußeren aufsteigenden Bereiche der von ihr verursachen Wirbel.

Möglicherweise resultiert daraus auch eine ganz bestimmte immer wieder benutzte Geschwindigkeit im schnellen Vorwärtsflug.

Damit muß nun als Jahrhundertereignis wider jegliche Vorstellungskraft der Flug des Flugzeugs auf die gleiche physikalische Grundlage der Auftriebsgewinnung wie der der Hummel gestellt werden, nämlich: **Rückstoß**!

Der Erfolg: die lang gesuchte einheitliche Erklärung des Fliegens:

ENDLICH!

Die Flugzeugmasse

Was hat die mit dem Fliegenkönnen zu tun?

Zunächst nichts. Aber, es hat in Australien einen Absturz gegeben, bei dem alle rätseln, wie das passieren konnte. Ein Doppeldecker mit einer Air-Walkerin oben auf startete. Währendes des Steigfluges fiel der Motor aus. Der Pilot drückte nach in die Horizontale und führte unmittelbar darauf eine Kurve zurück aus. Schon während der Kurve kam das Flugzeug ins Fallen, in dem es nach der Kurve beim nachfolgend geplanten Rückflug blieb und mit einem Bahnneigungswinkel von etwa 45 Grad zerschellte. Leider überlebten das weder die Airwalkerin noch der Pilot.
Die allgemeine Bewertung: ein Pilotenfehler.

Der Start erfolgte natürlich gegen den Wind. Nach Motorausfall machte der Pilot eine Kurve, die dann in den Mitwind führte.
Hat das eine Bedeutung?
Man beobachte einen Vogel, der auf einem Ast sitzt und gegen den Wind startet. Der Wind ist so schnell, wie der Vogel fliegt. Also, der Vogel wippt mit den Beinen hoch und fliegt auf der Stelle über dem Ast.
Jetzt will er aber in Richtung zurück wohin fliegen. Er beginnt eine Kurve und: fängt an zu sinken. Nach der 180-Grad-Kurve ist er beispielsweise etwa drei Meter gefallen. Es sieht so aus, als flöge er einen Punkt hinter ihm an wie ein Jagdflugzeug, das aber mit Absicht tiefer geht.
Nun will der Vogel aber wohl nicht Jagdflugzeug spielen. Warum macht er es dann aber so?
Aus einem ganz einfachen Grund: es geht gar nicht anders.

Warum?

Auf und über dem Ast hat die Masse des Vogels keine kinetische Energie, da er sich nicht gegenüber der Erdoberfläche bewegt.

Um aber in der Richtung mit dem Wind fliegen zu können, benötigt er die kinetische Energie, die zu einer Geschwindigkeit vom Doppelten der Windgeschwindigkeit gehört. Da er keine Flügelschläge macht, die ihm ja Energie zuführen würden, kann er Energie nur aus der Höhe, das heißt seiner Lageenergie, entnehmen. Und das tut er.

Über das Thema Wind beim Fliegen wird oft debattiert. Besonders wenn Neulinge darauf stoßen. Es hat sich aber eine einheitliche Meinung gebildet, die daraus entsteht, daß das Flugzeug und die Luft allein bestimmen:
Ein Flugzeug bewege sich in der Luft wie ein Luftteilchen auch. Die Luft sei der Bezugspunkt für ein Flugobjekt.

Es ist aber die Frage zu beantworten, auf was sich die kinetische Energie eines Flugzeuges bezieht. Und das ist eine grundsätzliche Frage, die die Allgemeinphysik noch gar nicht aufgegriffen hat. Da glaubt man meist, daß das Einstein'sche Prinzip des "Alles ist relativ" das Entscheidungskriterium sei. Das heißt, daß es keinen konkreten Bezugspunkt dafür gäbe. Also haben es die Vertreter des Luftbezuges leicht.
Wenn sie aber Recht hätten, wie erklären sie dann die Sinkkurve des Vogels?
Sie können es nicht.

Was nicht sein kann ist, daß der Bezug für Bewegungen von Massen beliebig gewählt werden darf. Und die Luft, die sich auch noch beliebig bewegen kann, kann vernünftigerweise kein Bezugspunkt dafür sein, ob eine Masse eine Bewegung hat oder nicht. Sonst müßte die Masse ja eine kinetische Energie dadurch erhalten, daß die Luft plötzlich an ihr vorbei streicht. Und daß der Bezug wandern könnte, also am Boden der Boden und in der Luft die Luft sein würde, ist durch keine physikalische Regel gedeckt. Wobei die Lehraerodynamik sich aber generell nicht um physikalische Grundprinzipien kümmert und ihr eigenes Süppchen kocht.

Die Antwort auf die Frage, wo der Bezugspunkt für Massenwirkungen, das ist die Trägheit der Massen, liegt, muß in der Allgemeinphysik gefunden werden und nicht beim Fliegen. Das hat sich dem dann unterzuordnen.

Die allgemeine Aussage von Piloten über Kurven bei Wind ist, daß man das

nicht merkt, außer im Tiefflug bei Start und Landung. Da passierte ja auch das Unglück.
Die Erkenntnis des Autors ist:
Der Bezugspunkt für Massen ist in der Horizontalen zwar nicht der Erdboden selbst, aber er kann stellvertretend dafür genommen werden. Näheres ist im Buch "Physikirrungen" vom Autor zu erfahren.

Wenn ein Flugzeug gegenüber der Luft bei Wind seine Geschwindigkeit konstant halten will, so muß es sich gegen den Wind verzögern und mit dem Wind beschleunigen.
Warum aber merkt das ein Pilot in der Luft nicht?
Dazu eine Überlegung.

Muß ein Pilot sein Flugzeug um z. B. 36 km/h beschleunigen, so braucht er dafür nur 5 m Höhe. 5 m Höhe führen nämlich im freien Fall zu einer Geschwindigkeit von 10 m/s, also von 36 km/h.
Bläst also ein Wind von 36 km/h, so sind die Schwankungen der Geschwindigkeit bei einem Vollkreis plus/minus 36 km/h. Die nur 5 m Höhenunterschied merkt ein Pilot in der Luft bei einem Vollkreis nicht. Deshalb hält er auf Kosten der Höhe seine Geschwindigkeit unerkannt bei. Wird aber in Bodennähe geflogen, sieht der Pilot die sich ändernde Flughöhe. Sie beträgt ja immerhin zwei Stockwerke. Findet das in einer Landekurve statt, zieht der Pilot beim Absinken hoch, um die Flughöhe zu halten und noch zum Landekreuz zu kommen. Daher stammt die Aussage, daß Wind keinen Einfluß auf die Geschwindigkeiten in der Luft hätten, außer im Tiefflug.
Um in größerer Höhe Wind festzustellen, wird ein genauer Höhenmesser benötigt. Er muß in Einmeterschritten messen können. Dann ist ein Vollkreis zu fliegen, wobei die Höhe penibel konstant gehalten werden muß. Der Pilot wird dann merken, daß er beim Einfliegen in den Gegenwind drücken muß und dadurch schneller wird und beim Einfliegen in den Mitwind ziehen muß und dadurch langsamer wird. Fliegt er den Vollkreis mit konstanter Geschwindigkeit, wie es üblich ist, so wird er unvermeidbare Höhenschwankungen feststellen.

Wenn es also dumm kommt, so wie bei dem beschriebenen Unglück, führt die Unkenntnis über die Geschwindigkeitsänderung beim Wechseln der Flugrichtung in den Mitwind hinein zum Desaster.

Der Propeller

Seine Aufgabe ist, wie wohl jeder weiß, das Flugzeug vorwärts zu ziehen oder bei selteneren Konstruktionen auch zu schieben. Wir erinnern uns wieder an das Mobilitätsprinzip unseres Universums: Ortsänderung nur durch Rückstoß. Also muß der Propeller Luft nach hinten stoßen, um das Flugzeug mit nach vorn nehmen zu können!

Um Luft elegant aus der Ruhelage in eine gewollte Richtung zu beschleunigen, wird auch hier die `Hand-Methode´ benutzt. Damit landen wir automatisch bei einer Profilkonstruktion wie beim Tragflügel. Es trifft die Wirklichkeit ohne Fehler, sich ein Propellerblatt wie einen verkleinerten Tragflügel vorzustellen, der an der Motorwelle befestigt ist und rundum bewegt wird.

Physikalisch besteht für die Aufgabe und Wirkungsweise zwischen Propellerblatt und Flügel nicht der geringste Unterschied. Beide müssen Luft-`Masse´ wegstoßen, der Flügel nach unten, der Propeller nach hinten.

Damit ist klar, daß es strömungsmäßig nichts Neues geben kann. Alles, was beim Flügel und Flügelprofil erkannt wurde, gilt auch hier. Zwei Dinge sollen aber näher beschrieben werden. Zunächst wie der vom Propellerblatt erzeugte Luftstrom aussieht. Beim Flugzeug verliert er sich ja in den abwärts gehenden Wirbeln. Beim Propeller fließt er entgegen der Flugrichtung nach hinten. Da die Propellerblätter innerhalb kürzester Zeit aber immer an dieselbe Stelle wiederkommen, wird die Geschwindigkeit des erzeugten Luftstromes so weit verstärkt, daß ein orkanartiger Wind entsteht. Dazu verhilft auch ein größer gewählter Anstellwinkel gegenüber dem beim Flügel. Dort soll der Anstellwinkel möglichst klein sein, um weniger Widerstand zu erzeugen. Beim Propeller soll jedoch eine möglichst große Beschleunigung der Luft stattfinden.

Warum?

Weil Beschleunigung von Luftmasse eine Rückstoßkraft erzeugt. Diese ist beim Flügel die Auftriebskraft, beim Propeller die Vorschubkraft.

Propeller sind also kleine Flügel, die durch ihre senkrechten Bewegungen Luft horizontal hinter sich beschleunigen.

Das hätte schon zu allen Zeiten dazu führen müssen, daß die Funktion eines Tragflügels richtig erkannt werden konnte. Ludwig Prandtl, der auch international als "Vater der Aerodynamik" bezeichnet wird, sagte ja auch schon, daß ein Flügel "Luft nach unten schleudert". Konsequenzen wurden daraus nie gezogen, es wurde einfach ignoriert. Das Bild im Windkanal mit den Strömungslinien, die so wunderbar schön aussehen wie beim Bernoulli-effekt, betörte alle oder ließ sie geistig erstarren wie eine Maus vor der Schlange. Mitursache für die Fehleinschätzung war und ist bis heute, daß der Fahrtwind als aktive Strömung angesehen wird. Der Mensch fällt immer wieder auf seine subjektive Sicht herein: Er sieht sich als Bezugspunkt des von ihm Gesehenen. Und danach bewege sich die Luft und nicht das Flugzeug. Das ist für Flugtheorien schon zu einer "Religion" geworden.

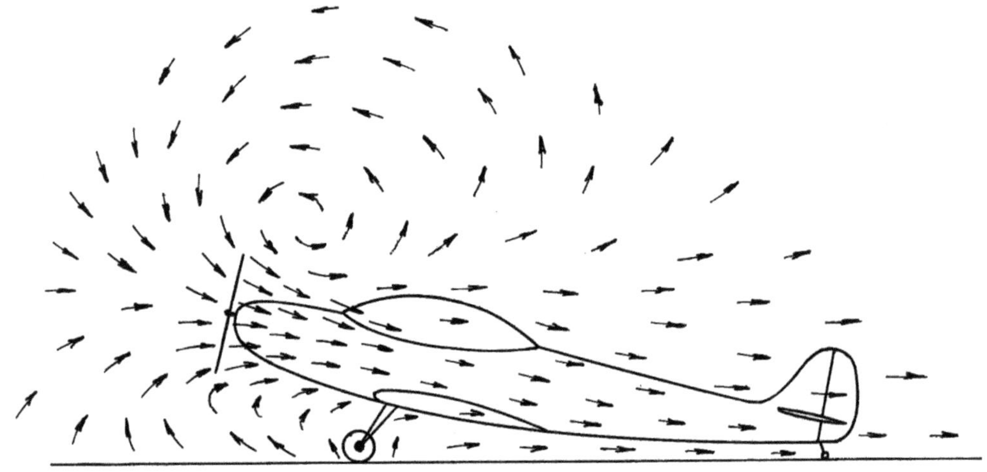

Wie sehen die Wirbel durch den Propeller aus?
Der durch den Propeller erzeugte Luftstrom engt sich wie in einer Düse unmittelbar hinter dem Propellerkreis durch die dort noch stattfindende Geschwindigkeitserhöhung ein. Es entsteht ein Luftstrom von etwa zwei Drittel des Propellerdurchmessers. Ursache dafür ist, daß die vom Propeller von vorn angesaugte Luft auch von der Seite kommt. Diese seitlich zu-strömende Luft drückt den Durchmesser des Luftstroms hinter dem Pro-peller zusammen.

Das Ansaugen von Luft von vorn geschieht nach dem gleichen Prinzip wie das Ansaugen von Luft von oben durch die Flügel eines Flugzeugs: die Oberseiten von Flügel und Propellerblatt räumen durch ihre nach hinten abfallende Oberflächenkontur Platz frei, der einen Unterdruck erzeugt. In diesen Unterdruck strömt dann Luft aus eigenem Vermögen, also eigener Energie. Damit aber auch auf Kosten ihres Innendruckes. Vor der Propellerkreisfläche besteht damit Unterdruck. Er entspricht dem, der sich kinetisch aus der Geschwindigkeit ergibt, die die Luft in der Propellerkreisfläche hat. Bei einem Gebläse stellt dieser Druckabfall den Ansaugverlust dar.

Auch der Propellerluftstrom muß die Luft verdrängen, die dort ist, wohin er fließt. Genau so, wie am Flügel die abwärts gedrückte Luft sich mit der umgebenden zu Wirbeln verwickelt, verwickelt sich auch am Propeller die zurück strömende Luft mit der Umgebungsluft zu einem Wirbel, wie er im Bild zu sehen ist.
Von vorn wird angesaugt, also entsteht ein langgezogener Ringwirbel um den Propellerkreis herum. Er entspricht den Flügelwirbeln am Flugzeug.

Dieses Geschehen hat Folgen: Muß ein ʻMotorʼ-Pilot vor dem Start auf der Stelle warten und gibt dann Vollgas, so ist die Beschleunigung im ersten Moment vermindert, da sich der Propeller noch in der nach hinten gerichteten inneren Strömung des Ringwirbel befindet. Das heißt, im allerersten Moment kommt er nicht recht vom Fleck. Erst wenn er aus dem dort verbleibenden Wirbel heraus gerollt ist, bekommt er neue noch stehende Luft zu greifen und erreicht seine volle Beschleunigung. Während des Fluges wird der Ringwirbel um den Propeller so lang gezogen, daß die Wirbelströmungsgeschwindigkeit wegen des langen Weges der Druckbahnen sehr klein wird.
Noch etwas zum ʻKernstromʼ des Propellers. Die im Kapitel ʻDurchflugʼ gemachte Beobachtung, daß die Luft vom Flügel mit nach vorn in Flugrichtung geschoben wird, muß sich auch hier wiederfinden. Das Propellerblatt muß also die ergriffene Luft etwas mit sich in Rotationsrichtung mitnehmen. Der Effekt ist hierbei durch den größeren Anstellwinkel auch noch wesentlich stärker. Der Luftstrom des Propellers dreht sich also mit in dessen Drehrichtung, er hat Drall.

Die hohe Geschwindigkeit des Propellerluftstromes verursacht an den Flächen, an denen er vorbei streicht (Rumpf, Flügel), auch noch eine Widerstandserhöhung. Diese geht von dem ab, was der Propeller als Vorwärtsschub erzeugt. Der Vorwärtsschub entsteht natürlich aus der gleichen Ursache wie der "Hoch"-Schub beim Tragflügel, also dessen Auftrieb: Luftmasse unter den Flügel bzw. das Propellerblatt drücken und den Rückstoß daraus nutzen.

Bei dem ehemaligen deutschen Kriegsflugzeug DO 335, das einen Bug- und

Heckpropeller hatte, wunderten sich die Piloten, daß sie im einmotorigen Flug bei Benutzung des Heckpropellers eine höhere Geschwindigkeit erzielten als wenn sie in klassischer Manier mit dem Frontmotor flogen.

Insgesamt ist die von einem Motor-Flugzeug beeinflußte Luft hinter ihm im `Rückwärtsgang´! Das Flugzeug selbst nimmt grundsätzlich Luft in Flugrichtung mit sich. Um aber vorwärts zu kommen, muß das Flugzeug auch Luft mit seinen Antriebsmotoren nach hinten stoßen. Der Rückstoß nach vorn aus der nach hinten geblasenen Luft durch den Propeller muß größer sein als der Rückstoß nach hinten der vom Flugzeug nach vorn beschleunigten Luft (Widerstand). Demzufolge muß der Propellerstrahl mit seiner viel kleineren Luftmenge diese entsprechend schneller nach hinten beschleunigen. Die Summe aller horizontalen Luftbewegungen ergibt eine Rückströmung gegen die Flugrichtung.
Das muß natürlich zwangsläufig auch wieder Wirbel erzeugen. So weit und mit diesen Feinheiten wollen wir das Geschehen um das Flugzeug aber nicht mehr verfolgen.

Bei Segelflugzeugen sehen die zuvor geschilderten Gesamtluftbewegungen anders aus. Segler haben als Vorwärts-`Antrieb´ nur ihre Eigenmasse, die von der Schwerkraft der Erde angezogen wird: das Eigengewicht. Dieses zerlegt sich durch die abwärts weisende Flugahn auch in eine Komponente nach vorn: die Vortriebskraft für den Segler. Der Flug eines Segelflugzeuges ist eigentlich ein Fall, der jedoch auf einer nur flach geneigten Luft-`Bahn´ stattfindet, vergleichbar mit einer Kugel, die auf einer nur wenig abfallenden Bahn bergab rollt.
Wenn sich diese `Abwärts´-Flugbahn insgesamt in aufsteigender Luft befindet, die schneller steigt als das Flugzeug hinab gleitet, so bleibt es oben und steigt sogar. Siehe Kapitel `Statisches und dynamisches Fliegen´.
Da für diesen `Antrieb´ keine Luft nach hinten bewegt wird, nimmt es durch alle am Flugzeug wirkenden Widerstände nur Luft in Flugrichtung mit. Das ist aber der einzige Unterschied zum motorisch angetriebenen Flug.

Der Hubschrauber

Es gibt inzwischen spektakuläre Flugvorführungen beim Kunstflug. Der Leichtbau des Flugzeuges zusammen mit zwar leichten, aber leistungsfähigen Motoren macht es möglich, daß ein einsitziges spezielles Kunstflugzeug senkrecht nach oben zeigend in der Luft stillstehen kann, ohne rückwärts nach unten abzurutschen. Damit ist für ein `normales´ Flugzeug ein alter Traum der Fliegerei erfüllt, in der Luft stehen bleiben zu können. Der Pilot hat allerdings nicht viel davon. Es bleibt ihm durch die Überwachungsaufgaben, diesen doch etwas `kitzlichen´ Zustand vor dem Entgleisen zu bewahren, keine Zeit, in Ruhe die Erde unter ihm zu beobachten. Das erlaubt auch seine dann liegende Haltung nicht. Flugtechnisch ist das aber schon ein Hubschrauber bzw. mit anderem Namen Helikopter. Wir erkennen, was dessen Rotor mit seinen zwei bis über fünf `Einzelflügel´, die Rotor-`Blätter´ genannt werden, für eine Aufgabe haben. Es ist die gleiche wie die des Propellers. Nur diesmal muß der erzeugte Luftstrahl nach unten gehen und nicht wie beim Propeller nach hinten.

Damit ist das Flugprinzip erkannt. Auch hier geht das Fliegen nur mit Rückstoß: Die durch die Rotorblätter nach unten beförderte Luft trägt durch die Rückstoßkraft, die aus der abwärts geblasenen Luftmasse entsteht, das Gewicht des Helikopters.

Vergleicht man das zu tragende Flächengewicht der Kreisfläche des Rotors mit dem eines Flugzeuges, so sind Hubschrauber eher Leichtgewichte. Sie müssen nur etwa 50 kg je Quadratmeter Rotorkreisfläche tragen.

Auffällig am Hubschrauber ist, daß am Heck noch ein kleiner Propeller, Heckrotor genannt, vorhanden ist. Was hat dieser für eine Aufgabe?

Betrachten wir zuerst den Hauptrotor. Er wird von einem im Rumpf angebrachten Motor angetrieben. Die Rotorblätter sind schmale Tragflügel, um Luft nach unten zu beschleunigen. Gegen deren kreisförmige Bewegung entsteht auch hier Widerstand wie beim Vorwärtsbewegen der Tragflügel eines Flugzeugs. Um etwas drehen zu können, braucht man einen festen Standort. Als Beispiel ein Heimwerker beim Bohren eines Loches in die Zimmerdecke. Klemmt der Bohrer ein, braucht der Handwerker einen guten Stand, um nicht anders herum zurück gedreht zu werden. Im Vergleich: Der Rotor ist der schwergängige Bohrer. Der Hubschrauber mit seinem Antriebsmotor ist der Handwerker. Die gleiche Rückdrehkraft erfährt der

Rumpf des Hubschraubers von seinem Rotor. Auch das ist Rückstoß! Der Motor stützt sich durch seine Befestigung im Hubschrauber am Rumpf ab. Dieser kann sich über seine Räder oder Kufen durch Reibung gegen die Rückdrehung am Boden abstützen.

Aber in der Luft? Das ist die Aufgabe des Heckrotors. Er muß an seinem von der Rotorachse entferntem Standort mit diesem Hebelarm dauernd wie ein Propeller Luft zur Seite beschleunigen, damit die Rückdrehung verhindert wird. Fällt er durch Defekt aus, fängt der ganze Hubschrauber an zu `kreiseln´.

Eine andere Möglichkeit ohne Heckrotor ergibt sich mit zwei Hauptrotoren. Diese drehen dann gegensinnig. Ob über- oder hintereinander, ist gleich. Dabei hebt sich die Drehkraft des einen gegen die des anderen auf. Bei gleicher Drehzahl müssen sie selbstverständlich auch gleich groß sein.

Betrachten wir den Hubschrauber nun auch aus der Distanz.

Das anfangs erwähnte Kunstflugzeug im senkrechten `Hang´ sollte schon Assoziationen wecken. Gemeint ist der Ringwirbel um den Propeller. Der ist selbstverständlich auch um die Rotoren vorhanden. Am Heckrotor ist seine Auswirkung unerheblich. Am Hauptrotor jedoch gravierend.

Dazu eine Rückblende zum Flugzeug. Dieses fliegt am effektivsten. Das liegt daran, daß die Flügel immer nur neue, noch ruhende Luftmassen ergreifen. Fliegt es zufällig in einen `Fallwind´ hinein, so sackt es augenblicklich ab. Der Passagier merkt es in seiner Magengegend. Ursache: Der Anstellwinkel der Flügel wird durch die nach unten strömende Umgebungsluft kleiner. Damit auch der Auftrieb: Das Flugzeug sinkt mit der Abwärtsgeschwindigkeit der Luft nach unten. Solche Stellen sind in der Mehrzahl nur örtlich in der Atmosphäre vorhanden. Durch bzw. an Berghängen können sie jedoch entlang eines ganzen Gebirges existieren. Will der Pilot das Sinken nicht zulassen, so muß er den Anstellwinkel durch `Ziehen´ am Steuerknüppel erhöhen und entsprechend mehr Gas geben. Der Flugzustand entspricht dann dem des Steigfluges. Er muß dauernd so schnell steigen, wie die Luft fällt, um seine Höhe zu halten.

Damit zurück zum Hubschrauber.

Steht dieser an gleicher Stelle in der Luft, so befindet er sich wie der Propeller eines stehenden Flugzeuges mitten in seinem selbst erzeugten rund um ihn verlaufenden Ringwirbel. Außen um den Helikopter herum ist die

Luftströmung des Wirbels nach oben gerichtet. Er selbst steckt aber in dem von ihm verursachten inneren Abwärtsstrom der Luft. Als Folge sind ein größerer Anstellwinkel der Rotorblätter (der sogenannte Pitch) und mehr Motorleistung nötig. Das führt auch dazu, daß ein Hubschrauber im Stillstand weniger Last tragen kann als während seiner Vorwärtsbewegung, bei der die Rotoren mehr ruhende Luft ergreifen und diese damit leichter nach unten beschleunigen können. Im Stillstand muß er in seinem selbst produzierten Abwärtsstrom der Luft genau so schnell steigen, wie dieser abfällt!

Ein Hubschrauber kann sogar durch seine selbst erzeugte Wirbel abstürzen! Das geschieht dann, wenn er senkrecht nach unten gehen will. Macht der Pilot diesen Sinkflug zu schnell, so kommt er in eine vom Abstrom von den Rotoren erzeugten Wirbelbereich, der seine Steuerbarkeit so beeinträchtigen kann, daß er abstürzt.

Nicht ganz so schlimm ist es jedoch dicht über dem Boden. Die von ihm nach unten geförderte Luft staut sich zwischen Rotorkreisfläche und der Erd- oder Wasseroberfläche, was in Folge zu einem zusätzlichen Überdruck unter ihm führt. Der Pilot braucht dann nicht mehr so viel `Pitch´, also Rotorblattanstellung, und demzufolge weniger `Gas´ für den Antriebsmotor. Man spricht hier vom `Boden´effekt. Jedoch selbst im ganz tiefen Vorwärtsflug existiert dieser kaum noch.
Fliegt ein Hubschrauber aber dicht unter einer Decke, z. B. unter einer Brücke, so erhöht sich der Auftrieb dadurch, daß die von den Rotoren von oben angesaugte Luft durch die Decke behindert wird. Es entsteht mehr Unterdruck über der Rotorkreisfläche. Das könnte dem Piloten zum Verhängnis geworden sein, der unter einer Brücke hindurch flog und unmittelbar hinter ihr abstürzte. Das unerwartete Steigen unter der Brücke hat er wohl noch vermieden, das überraschende Fallen hinter der Brücke kam wohl so schnell und unerwartet, daß seine Reaktion zu spät kam.

An dieser Stelle noch ein Beweis für die Rückstoßtheorie beim Fliegen: Im Gebirge werden zu unzugänglichen Standorten Funkmaste oder Teile für Seilbahnstationen per Hubschrauber transportiert. Die Teile werden noch am Hubschrauber anhängend direkt montiert. Die Monteure haben ihren Arbeitsplatz dadurch genau unter dem Hubschrauber. Sie befinden sich damit im Abwärtsstrom der vom Rotor nach unten beschleunigten Luft. Sie sind nach ihrer Erfahrung bei der Montage von unterschiedlich schweren Teilen in der Lage, das Gewicht der hängenden Last abzuschätzen. Wie? Sie spüren die `Wind´stärke unter dem Helikopter. Nach dem Rückstoßprinzip muß natürlich bei größerem Gewicht des Fluggerätes mit anhängender Last die nach unten bewegte Luft auch auf größere Geschwindigkeit beschleunigt werden, damit die höhere Rückstoßkraft zum Tragen des Ganzen erreicht wird.

Ein Hubschrauber schwebt natürlich nicht nur an einer Stelle. Auch er ist ein Transportmittel, das Sachen und Personen selbst über größere Entfernungen transportiert. Untersuchen wir dazu den Vorwärtsflug.

Kurz gesagt: Es ergeben sich gleiche Strömungen in der hinterlassenen Luft als wäre statt dessen ein normales Flugzeug durchgeflogen. Auf der Breite des Rotordurchmessers bildet sich hinter der Flugbahn in der Flugfläche eine dünne Wirbelschicht ähnlich der hinter dem Tragflügel, die dort bei unterschiedlicher Bewegungsgeschwindigkeit der Ober- und Unterluft entsteht. Dabei sind die Turbulenzen durch die Drehungen der `Blätter´ und das mehrfache Vorbeikommen an gleicher Stelle jedoch wesentlich größer. Prinzipiell herrscht jedoch in diesem Punkt trotzdem Gleichheit.

Von der Rotorkreismitte aus ergeben sich im Vorwärtsflug nach beiden Seiten die gleichen `Groß´-Wirbel entsprechend den Flügelwirbeln. Selbst der Profilwirbel findet sein Pendant. Es entsteht nach vorn die gleiche Luftverdrängung durch das Abwärtsbeschleunigen der Luft. Diese quillt vor der Rotorfläche ebenfalls nach oben und dann in den Rotorkreis hinein mit der anderen angesaugten Luft. Auch von hinten strömt Luft adäquat zum Folgewirbel auf die Flugbahn. An den seitlichen Enden der Rotorkreisfläche wird es ebenfalls eine Art von Randwirbeln innerhalb der großen Wirbel geben, die aber durch das zyklische Vorbeistreichen der Rotorblätter zerhackt sind.

Das `Wirbelbett´ eines vorwärts fliegenden Hubschraubers ist dem eines Flächenflugzeuges bis auf kleine Details gleich. Die Intensität der `Flügelwirbel´ ist von der Spannweitenbelastung (hier auf den Rotordurchmesser bezogen) abhängig. Diese hat etwa die Größenordnung wie die von kleineren Motorflugzeugen. Damit sind die `Flügelwirbel´ des Hubschraubers in ihren Auswirkungen nicht sehr auffällig.

Noch ein Wort zur Steuerung des Helikopters. Steuerflächen wie am Heck eines Flugzeugs sind hier normalerweise nicht vorhanden. Wenn es sie gibt, dann nur zur Stabilisierung oder in Ausnahmefällen zusätzlich. Gesteuert wird direkt mit den kreisenden `Flügeln´. Das geschieht so, daß der Anstellwinkel, mit Pitch (gesprochen Pitsch) bezeichnet, während der Drehung verändert werden kann. Und zwar in der Weise, daß immer zum gegenüberliegenden Halbkreis ein Unterschied hergestellt werden kann.

Soll z.B. vorwärts geflogen werden, so muß im hinteren Halbkreis mehr Luft nach unten beschleunigt werden als im vorderen. Dazu wird der Steuerknüppel vom Piloten etwas nach vorn gedrückt. Das Ergebnis ist eine Anstellwinkelverkleinerung vorn und –vergrößerung hinten. Dazwischen an jeder Seite findet der stetige Übergang statt. Das ergibt hinten mehr Auftrieb und vorn weniger. Der Hubschrauber `kippt´ leicht nach vorn.

Durch das Kippen geht der Hauptluftstrom insgesamt etwas schräg nach hinten. Das bedeutet in der Folge eine vom Auftrieb entnommene Komponente nach vorn. Der Pilot muß diese `Entnahme´ der Vortriebskraft durch insgesamtes (kollektives) Erhöhen des Anstellwinkels (Pitch) wieder ausgleichen. Analoge Steuerbewegungen ergeben sich dann für das Schräglegen in Kurven nach den Seiten.

Die Richtung des Rumpfes steuert der Pilot mit Fußpedalen wie im normalen Flugzeug oder in einem Paddelboot. Die Heckrotorblätter werden dadurch ebenfalls während der Drehung im Anstellwinkel verstellt, jedoch immer nur kollektiv, also alle gemeinsam. Damit variiert die erzeugte Kraft zur Seite nach Wunsch des Piloten, um das Heck in jede gewünschte Position zu drehen.

Ein Hubschrauber stürzt übrigens nicht automatisch ab, wenn sein Antriebsmotor ausfällt. Allerdings muß der Pilot schnell genug reagieren, damit die Drehbewegung des Rotors nicht zum Stillstand kommt. Er muß in diesem Fall den Anstellwinkel der Rotorblätter mit der Pitch-Verstellung möglichst schnell verkleinern, bis das Blattprofil in eine leicht nach unten weisende Stellung gelangt. Sie entspricht dann der Stellung, wie sie die Flügel eines Segelflugzeugs im Flug einnehmen. Die Wirkung ist dann so, als würden die

Rotorblätter Flügel eines Segelflugzeuges sein. Der Hubschrauber sinkt langsam aber voll steuerfähig nach unten. Für das Abfangen zum weichen Aufsetzen auf den Boden sorgt der Pilot dafür, daß die Drehzahl des Rotors genügend hoch bleibt. Der Schwung des Rotors erlaubt dann unmittelbar über dem Boden eine Auftriebserhöhung durch Vergrößern des Anstellwinkels.

Der Fallschirm

Am Anfang war er nur ein Rettungsgerät. Inzwischen ist er in Form und Größe für sportliche Zwecke umentwickelt worden. wobei der reine Rettungsschirm aber nach wie vor unverändert in Gebrauch ist.

Zunächst der runde halbkugelförmige einfache Rettungsfallschirm. Es geht dabei nicht um Strömungsdetails, sondern nur um das Wesen des Fallens mit begrenzter Geschwindigkeit. Diese ermöglicht bei entsprechender Einweisung einen Aufsprung auf die Erde, ohne sich dabei Glieder zu brechen oder andere Verletzungen zu erleiden.
Dazu ist eine Klarstellung notwendig. Der freie Fall eines Körpers durch die Erdanziehung geschieht mit stetigem Geschwindigkeitszuwachs (jede Sekunde 9,81m/s). Die Fallgeschwindigkeit würde dabei also immer größer werden. Dieser Fall tritt ein, wenn man von einem Sprungbrett ins Wasser springt. In der Zeit, in der man sich während des Fallens in der Luft befindet, ist man schwerelos. Da hierbei aber andere Sinneseindrücke überwiegen, nimmt man die Schwerelosigkeit fast nicht war. Spürbar wird der Zustand der Schwerelosigkeit jedoch dann, wenn man unerwartet wo hinab gestoßen wird. Der Reflex des um sich Greifens, um Halt zu finden, ist Ausdruck der dann erfühlten Schwerelosigkeit.

Der `freie´ Fall am Fallschirm ist jedoch ganz anders. Der Springer hängt mit seinem vollen Körpergewicht an den Seilen des Schirms, der eine Geschwindigkeitszunahme verhindert. Er fällt also nicht, sondern bewegt sich durch die Bremskraft des Schirms mit gleichbleibender langsamer Geschwindigkeit auf einer senkrechten Linie nach unten. Es ist ein Flug nur nach unten. Eine Fahrstuhlfahrt ist genau das Gleiche. Viele Fahrstühle fahren wesentlich schneller, als ein Fallschirm fällt! Zu klären ist jetzt, wie es möglich ist, daß der Fallschirm nach Erreichen der Fallgeschwindigkeit von ein paar Meter pro Sekunde nicht mehr schneller wird. Wie schon gesagt wurde, hängt der Springer mit seinem vollen Körpergewicht am Schirm. Also muß der Schirm mit der Kraft dieses Gewichts den Springer nach oben ziehen. Der Aerodynamiker sagt jetzt spontan, daß das der Widerstand des durch die Luft hinterher gezogenen Schirmes ist. Das ist richtig, erklärt aber nicht, wie dieser Widerstand am Schirm entsteht.

Das wollen wir jetzt untersuchen.

Unter der Schirmfläche bildet sich ein Luftstau, der wie ein mit der Spitze

nach unten zeigender Kegel geformt ist. Dadurch wird die Luft, in die nach unten fortschreitend eingetaucht wird, radial nach außen zur Seite abgelenkt. Um Luft zur Seite nach außen zu beschleunigen, denn das muß hier geschehen, wird eine entsprechende Kraft benötigt. Diese wird vom Springer mit seinem Gewicht gestellt. Die Gewichtskraft muß den Widerstand, der sich aus der Verdrängung der Luft nach außen zum Rand des Fallschirmes bildet, überwinden.
Oberhalb der Fallschirmkappe muß Luft aber auch wieder zurück zur Mitte. Auch dazu muß die Luft dahin beschleunigt werden. Das geschieht auch wieder nach dem Prinzip, daß die fallende Fallschirmkappe oben Raum frei gibt, so daß ein Unterdruck entsteht. Dieser führt dann dazu, daß die Luft von oben sich mit Hilfe ihrer inneren Energie in Bewegung beschleunigt und den frei werdenden Raum auffüllt.
Auch dieser Vorgang erhöht den Widerstand, der den Fallschirm am schnellen Sinken hindert.

Die Gesamtströmung um den ganzen Schirm herum ist überwiegend laminar (also nicht turbulent). Es bilden sich dadurch keine `Groß´-Wirbel wie am Propeller oder Flügel (Ringwirbel, Flügelwirbel). Ein durch zu viel anhängende Last schneller durch die Luft sinkender Schirm würde aber turbulente Luftbewegungen verursachen, die zum Flattern des Schirmes führen könnten. Dabei würde dann die Gefahr des `Zusammenklappens´ existieren mit nachfolgendem Absturz.

Die für Sportzwecke weiter entwickelten Schirme sind nicht mehr rund und bauchig wie die Rettungsschirme, sondern flach wie Flügel und sollen auch so funktionieren. Man will mit ihnen Fliegen wie mit einem Flugzeug. Dazu sind sie sogar ein bißchen gewölbt wie Vögelflügel. Da sie nicht mehr senkrecht fallen, sondern auch vorwärts, heißen sie Gleitschirme. Inzwischen können sie sogar motorisiert werden, mit einem Propeller am Rücken.

Da Sportschirmflieger aber durch Wetter- wie auch Lenkeinflüsse in gefährliche Flugzustände kommen, führen sie für solche Fälle zusätzlich noch einen Rettungsschirm mit.
Mit diesen wegen ihrer rechteckigen Form auch genannten "Matratzen"-Schirme können sogar Überlandflüge gemacht werden. Sie können in Thermik- oder Hangaufwinden steigen wie Segelflugzeuge. Es sind praktisch Segelflugzeuge für den kleinen Mann. Aber natürlich sind sie nicht so leistungsfähig wie richtige Gleitflugzeuge.

Bei extremer Wetterlage wie z. B. vor Gewittern, wo die Luft hochsteigt, können sogar Rettungsschirme mit hoch genommen werden. Eine Gleitschirmfliegerin wurde schon bis sechstausend Meter mit hoch getragen, wobei sie durch den kleinen Luftdruck zwischenzeitlich auch besinnungslos wurde.

Windräder

Windräder gibt es schon seit Jahrhunderten. Sie dienten meist zum Mahlen von Getreide zur Herstellung von Mehl. Heute gibt es wohl keine mehr dafür. Statt dessen moderne, die elektrische Energie erzeugen.

Wie funktionieren Windräder?
Laien fragen oft, warum sie nur drei schmale Blätter haben, "da geht doch Wind zwischen durch!" Andere mit Flugausbildung, die die Bernoullitheorie für das Fliegen kennen, fragen: "Warum stehen die Rotorblätter nicht in Richtung des Windes, so daß der vorbei strömende Wind an der Oberseite den Bernoullieffekt entstehen lassen kann, so daß sich das Rotorblatt dreht?" Die Flügel stehen dagegen fast quer zum Wind.

Natürlich hat man die Kenntnis, daß das so sein muß, aber: Warum? Das kann kein Fachmann verständlich erklären. Allerdings geht es auch nicht mit ein paar Worten. Warum? Weil es ein "zweistufiger" Ablauf ist.

Eines weiß und baut man auch so: die Rotorblätter sind so profiliert wie Segelflugzeugflügel. Da das so ist, müßten die Rotorblätter ja auch so funktionieren wie Flugzeugflügel.
Und so ist es auch.

Aber, ein Flugzeugflügel muß doch angeschoben werden, damit er funktioniert und Luft unter sich drückt? Beim Segelflugzeug drückt eine Komponente des Gewichts vorwärts, beim Motorflugzeug macht das ein Motor mittels eines Propellers.

Was schiebt die Flügel eines Windrades an?
Dazu die folgende Skizze.

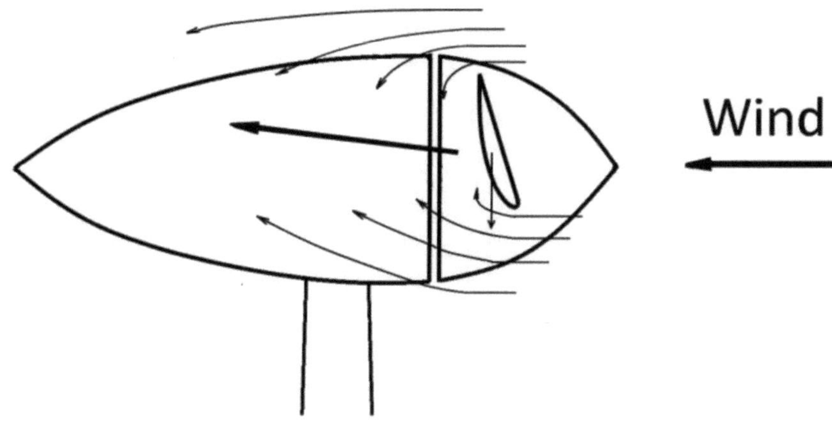

Anlauf eines Windrades

Damit die Drehung eines Windkraftrotors überhaupt erst einmal los geht muß auch ein Anschub erfolgen. Einen "Anlasser" braucht ein Windrad aber nicht. Der Wind, der auf das fast quer zu ihm stehende Rotorblatt in dessen Sicht von unten auftrifft, trifft auf die durch den Anstellwinkel des Blattes schräge Oberfläche. Das führt zu einer kleinen Ablenkung des Windes, im Bild nach oben.
Die Reaktionskraft aus dem Ablenken des Windes nach oben bedeutet für den Rotorflügel, daß er in Richtung nach unten, das ist die Richtung für ihn nach vorn, angeschoben wird. Besser konnte es nicht sein, damit fängt das Windrad an zu drehen, ohne einen Anlasser zu benötigen.

Das ist die erste Stufe des Geschehens. Sie ist aber nicht die, die Windräder wirklich antreibt!

Die zweite Stufe ist das, was das Windrad machen soll: etwas drehend anschieben.
Wie das geschieht, ist nur richtig vorstellbar, wenn man ein Flugzeug als Ganzes im Vergleich betrachtet. In diesem Fall ein Segelflugzeug. Dieses könnte etwas schieben oder ziehen, wenn der Pilot drückt, das heißt einen Sinkflug macht. Das Flugzeug wird dann schneller oder es könnte dabei etwas mit sich ziehen. Einen solche Lage müssen die Rotorblätter eines Windrades einnehmen.
Für die Verinnerlichkeit des Funktionismusses eines Windrades ist es am

besten, daß man sich ein dreiflügeliges Windrad so vorstellt, als ob da drei Segelflugzeuge, jedes an der Drehachse mit einem Flügelende befestigt, im Kreis fliegen. Die Rümpfe der drei gedachten Segelflugzeuge werden dabei natürlich nicht mehr gebraucht, weswegen sie ja auch nicht da sind.

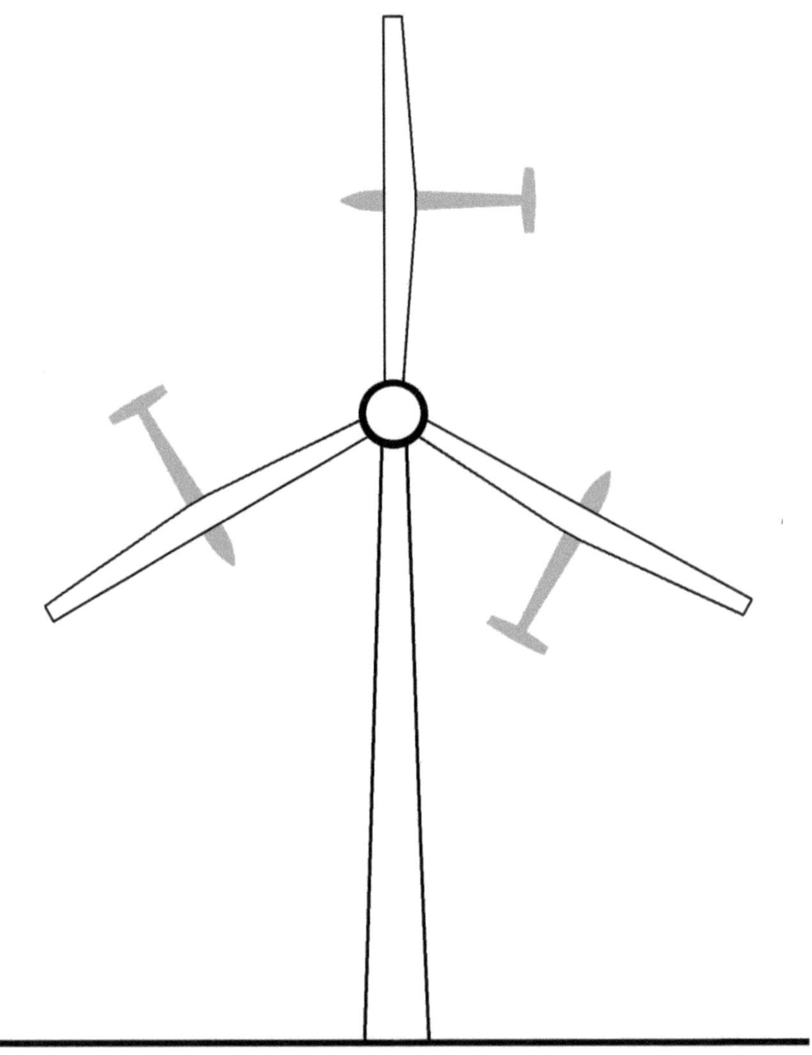

Die Flügel eines Windrades sich als nur einen Flügel eines Flugzeuges vorzustellen, bringt nicht nur Laien nicht zum Verständnis der wahren Arbeitsweise von Windrädern.

Alle drei gedanklichen Segelflugzeuge eines Windrades sind so gesteuert, daß sie einen Sinkflug machen um schnell zu werden. Das Schnellerwerden ist aber nicht der Sinn der Sache, sondern es wird verhindert vom Generator, indem der es abbremst und die Bremsenergie als elektrische Energie in das Stromnetz einspeist.
Fällt der Generator durch eine elektrische Störung plötzlich aus, so wird der Rotor nicht mehr gebremst und "geht durch". Das aber wäre das Ende eines Windrades. Deswegen fällt dann automatisch eine Bremse auf die Drehwelle und die Flügel werden zusätzlich in ihrer Stellung "in den Wind gedreht".

Was machen die Rotorflügel, als Segelflugzeugflügel gedacht?

Sie beschleunigen Luft nach unten, eben wie jedes Flugzeug. Daraus resultiert dann die Luftkraft, die ein Flugzeug trägt und hier scheinbar nutzlos nach hinten wirkt und nur die Standsäule umwerfen will.

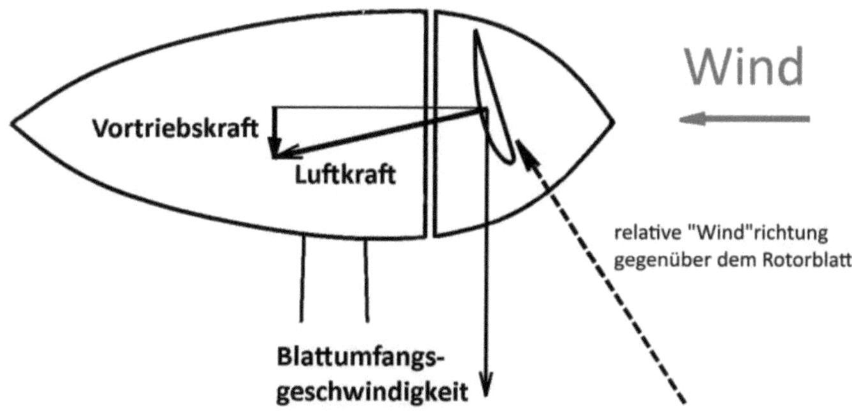

Antriebskraft eines Windrades

Im Bild ist die Luftkraft eingezeichnet, wie sie an jedem Flugzeugflügel entsteht. Die Bewegung des Flügels entspricht dem eines Segelflugzeuges, das in gedrücktem Zustand schnell fliegt. Der Winkel des Rotorblattes gegenüber der eingezeichneten Bewegungsrichtung des Rotorflügels sieht so aus, als ob der Flügel im Rückenflug arbeiten würde. Es ist aber nur der Winkel, der sich gegenüber der Drehebene bildet. Im Flugzeugbau entspricht er dem Einstellwinkel.

Der Anstellwinkel dagegen ist als Winkel einer Platte oder Profilsehne gegenüber ihrer Bewegungsrichtung definiert, wobei die Luft als ruhend vorausgesetzt ist. Die Luft ist hier aber nicht in Ruhe. Also ergibt sich der Anstellwinkel eines Rotorblattes auch durch den Einfluß der Luftbewegung. Das Windrad mit der Stellung der Rotoblätter in Rückenflugstellung würde Wind machen, wenn es angetrieben würde. Es wäre aber ein sehr schlechter Propeller.

Die Windradflügel bewegen sich ***gegenüber der Luft*** in der gestrichelt eingezeichneten Richtung. Sie hat eine Richtung von leicht nach vorn gegenüber der Fläche der Rotorblätter und der Drehfläche der Rotoren. Das ist nicht aus Zufall so, sondern die Rotorblätter werden so gedreht, daß das so ist. Gegenüber der Luft ist der Anstellwinkel "ganz normal". Aber natürlich erst, wenn es sich auch dreht!
In dieser Stellung, die sich aus dem Winkel mit der Strichellinie ergibt, bewegt es Luft nach unten, also frontal gegen den Wind. Das tun die Rotorblätter so, als ob sie Flugzeugflügel wären.

Die Folge davon ist natürlich, daß die Flügel eines Windrades einen Gegenwind gegen den Wind erzeugen. Allerdings nur mit einer langsameren Geschwindigkeit, so daß der Wind durch das Windrad nur verlangsamt wird.

Diese Verlangsamung des Windes entspricht der Energie, die das Windrad aus der kinetischen Energie des Windes heraus holt. Da das nie bis zum Stillstand des Windes funktioniert, ist der Wirkungsgrad eines Windrades entsprechend unter 1. Bestwerte für große Anlagen liegen bei 50 Prozent. Kleine "Windpropeller" liegen weit darunter.

Die Kraft, die das Windrad dreht, kommt **nicht** aus einer "Umlenkung" des Windes! Sie kommt aus der aerokinetisch entstehenden Luftkraft des Flügels, der wie ein Flugzeugflügel arbeitet und ist im Bild mit Vortriebskraft bezeichnet. Die Kraft, die das Windrad dreht, ist eine Komponente der Luftkraft, wie sie an jedem Flugzeugflügel entsteht und z. B. auch ein Segelflugzeug beim Drücken schneller werden läßt.

Die Grundlage des Funktionismus des Windkraftrotors ist also das Segelflugzeug. Es muß sich im Vergleich in einer fallenden Bahn bewegen, um etwas mit schleppen zu können. Dadurch würde es aber bald am Boden landen und der Vorgang wäre nach kurzer Zeit zu Ende. Es sei denn, es fliegt in einem Aufwind, der es so schnell anhebt, wie es durch den gedrückten Gleitflug absinkt.

Genau dieser permanente Aufwind liegt beim Windrad vor: es ist der Wind! Ein Segelflugzeug fliegt horizontal, sein benötigter Aufwind ist vertikal. Die Flügel eines Windrades fliegen vertikal, sein "Aufwind" ist horizontal. Das ist im Bild dargestellt.

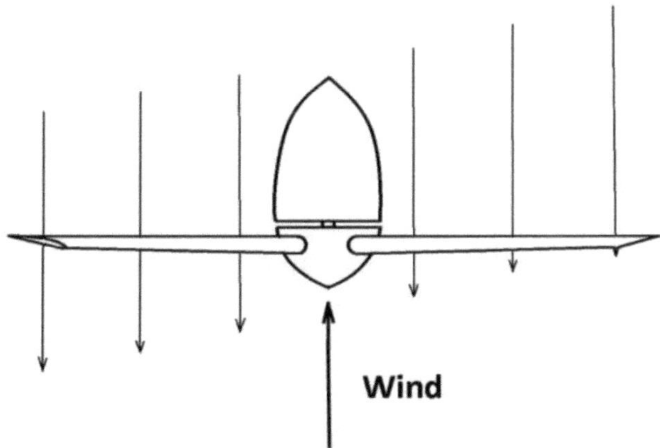

Der von einem der Flügel des Rotors verursachte "Abwärtsstrom" ist im nur Kernbereich (seine Gesamtausdehnung geht nach unten wie oben viel weiter!) durch die Pfeile nach unten dargestellt. Sie stellen aber nur die Flußrichtung dieses erzeugten Gegenwindes dar, nicht dessen Geschwindigkeit.

Dieser Abstrom wurde mit dem mit seinem sichtbaren Profilende linken Flügel hinter der Zeichenebene im Halbrund erzeugt. Er wird vom Wind in seine Richtung, im Bild nach oben, mit genommen, so daß er sich in der abfließenden Luft schraubenförmig vom Windrad in dessen Höhe entfernt.

Die Pfeilrichtungen stellen den vom Flügel erzeugten Gegenwind im Wind dar. In Summe fließt die Luft aber weiter in Windrichtung, nur entsprechend langsamer.

Beachtung verdient besonders der Teil des Abwärtsstroms, der vor dem Windrad, das ist im Bild unter dem Flügel, liegt.

Er wird natürlich vom Wind mitgenommen, also durch das Windrad "hindurch" geschoben. Lange bevor er aber weg ist, ist das nachfolgende Rotorblatt schon da! Der nächste Flügel des Windrades verschiebt dadurch den Bereich des "Windabbremsens" wieder nur neu nach vorn gegen den Wind, wie es am linken Rand des Bildes zu Anfang war.

Dieser Ablauf funktioniert sogar schon, wenn das Windrad nur einen einzigen Flügel hat! Auch der ist nach einer Umdrehung schon wieder da, bevor der Wind den Bereich, den er eine Umdrehung zuvor selbst verlangsamt hat, durch die Drehebene des Rades hindurch geschoben hat.
Deshalb wurde auch schon ein Windrad mit nur einem einzigen Flügel gebaut, der an der Gegenseite nur ein Gewicht hatte, damit keine Unwuchten auftreten. Es war aber nur das Studienobjekt einer Hochschule.

Diese von drehenden entsprechend gestalteten Flächen erzeugten Fluidbewegungsvorgänge gelten nun nicht etwa nur an einem Windrad. Sie bestehen überall, wo mit kreisenden Flächen Fluide bewegt werden. Das sind Ventilatoren, Propeller, Hubschrauberrotoren, im Wasser Schiffsschrauben, in Kreiselpumpen deren Laufräder.
Aus all dem ergibt sich die Aussage für alle diese Rotations-Geräte, daß es (fast) egal ist, wie viele Flügel, Ventilator- oder Propellerblätter oder in Pumpen Schaufeln verwendet werden.

Im Bild mit den kreisenden Segelflugzeugen ist die Visualisierung der notwendigen Vorstellung, wie ein Windrad funktioniert, gezeichnet. Der Vergleich der Rotorflügel mit kompletten Segelflugzeugen ergibt vor Allem das, was das Verstehen erst ermöglicht, nämlich, warum zwischen den Flügeln des Rotors kein Wind nutzlos hindurch strömt: deshalb nicht, weil jedes dieser "Flugzeuge" den "Abstrom" produziert, der die Luft bis zum nächsten gegen den Wind bewegt.

Nun bringen mehr Flügel dennoch ein bißchen mehr Leistung, da die Verlangsamung des Windes durch einen Flügel mit zunehmender Entfernung bis zum nächsten Flügel doch etwas abnimmt, so daß der dann auch was tun kann, nämlich die Grenze des Bereiches der verlangsamten Luft schon früher wieder nach vorn gegen den Wind vor zu schieben.

Hinter Flugzeugen befinden sich Wirbel, die aus der "Abluft" des Windrades entstehen. Dieser fließt ja weiterhin gegen den Wind. Und selbstverständlich entsteht an den Grenzen dieses "Gegenstroms", der ja ein Luftstrom in der Luft ist, ein Wirbel.

In diesen Fall sogar ein sehr schöner Ringwirbel. Er entspricht den Flügelwirbeln am Flugzeug. Schade aber, daß man ihn nicht sehen kann.
Die Bewegungsrichtungspfeile auch in diesen Wirbeln verstehen sich als die
Differenzgeschwindigkeiten *gegenüber dem Wind*. Sie sind nicht die Bewegungen gegenüber dem Boden!

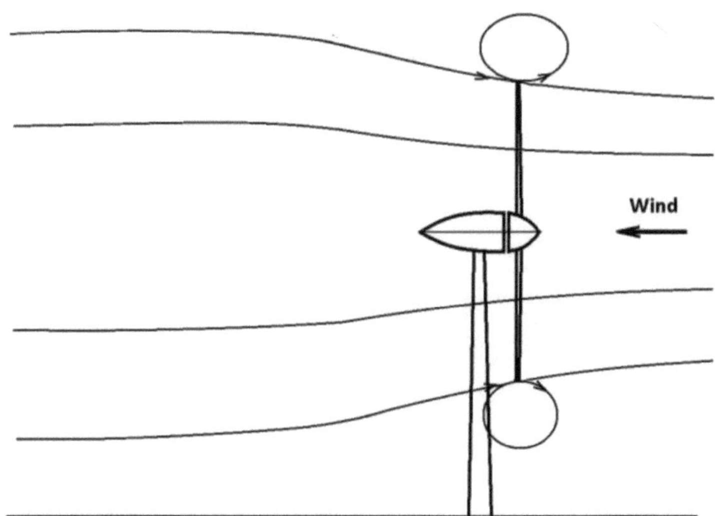

Der Querschnitt der die Fläche des Windrades durchströmenden Luft vergrößert sich hinter dem Windrad, weil das Windrad die Windgeschwindigkeit verringert.
Der Abstrom hinter dem Windrad mit den gezeichneten Wirbeln sinkt aber
nicht ab wie hinter Flugzeugen. Wirbel gehen immer mit der Luft, die sie
auslösen. Und die geht beim Windrad mit dem Wind in und gegen ihn.

Für den praktischen Bau von Windrädern sind aber nicht nur physikalische
Forderungen zu beachten, sondern es gibt auch Auswirkungen, die uns
Menschen betreffen und verhindert werden müssen. Ein ein- oder zweiflügeliges Windrad erzeugt eine Optik, die wie Blinken wirkt. Man sieht
von der Seite bei jeder Umdrehung den/die Flügel zwei mal groß und zwei

144

mal überhaupt nicht. Wer aber will sich schon dauernd mit so etwas an-
blinken lassen?

Auch aus diesem Grunde mit haben sich dreiflügelige Rotoren eingebürgert,
sie laufen harmonisch genug um nicht störend oder aufreizend zu wirken.

Resümee über Windräder:

Ein Windrad funktioniert nicht so, wie es den Anschein hat.
Es dreht sich nicht deshalb, weil es die Windströmung umlenkt!
Es dreht sich deshalb, weil die Rotorblätter wie Segelflugzeuge (ohne
Rümpfe) wirken, die nach vorn in Drehrichtnng "Gas geben"
und damit die Welle zum Generator drehen.

Für diese "Segelflugzeuge" ist unten, wo der Wind herkommt. Sie fliegen
also "auf dem Wind", so, als wenn er, in die Vertikale gedreht, ein Aufwind
wäre. Das "Gas geben" entspricht dem Andrücken für den Schnellflug.
Wobei der Windradflügel aber nicht schneller wird, dafür die Welle den
Generator mitzieht.

Der von den Rotoren erzeugte Abstrom (engl. down wash), also die von
ihnen abwärts beschleunigte Luft, geht gegen den Wind, verlangsamt ihn
also. Der jeweils folgende Flügel des Windrades liegt aber noch in dem vom
voran gegangenen Flügel verursachten "Abwind". So, als wenn ein
Flugzeug dicht hinter einem anderen her flöge. Es befindet sich damit auf
der Flugbahn des vor ihm "fliegenden" Flügels.

Die Vorstellung, daß die Rotorblätter die Tragflächen von gedachten Segelflugzeugen sind, ist die einzige Möglichkeit, den Funktionismus eines
Windrades verinnerlichbar verstehen zu können. Nur dieses Verständnis
führt dazu, auch richtig über die Verhältnisse an einem Windrad denken zu
können.
Und nur mit diesem richtigen Denken läßt sich auch verstehen, warum
zwischen den Rotorblättern Wind nicht nutzlos hindurch strömt. Im ganzen
Bereich zwischen den Flügeln des Windrades ist der schon abgebremste
Wind vom voran gegangenen Flügel.

Mit dem Vergleich der Rotorflügel als Segelflugzeuge, der nicht nur ein
Vergleich ist, sondern eine auch mögliche Wirklichkeit, wird einleuchtend

sichtbar, warum die Rotorblätter fast quer zum Wind stehen.

Und noch ein weiterer Vergleich zeigt sich. Würde der Generator das Windrad ohne Wind weiter als dann Motor antreiben, so würde es wie ein Propeller weiter den Wind erzeugen, der gar nicht mehr da ist. Allerdings würden die Flügel dann in Rückenflug arbeiten.

Segelboot

Mit einem Segelboot läßt sich nach zweierlei aerokinetischen Arten fahren. Am Einfachsten mit dem Wind, der es einfach mit sich schiebt, nach dem Widerstandsprinzip. Fährt es aber seitlich zum Wind, wo es auch die höchstmögliche Geschwindigkeit erreichen kann, muß es mit seinem Segel wie eine Flugzeug bzw. Rotorflügel eines Windrades fahren.

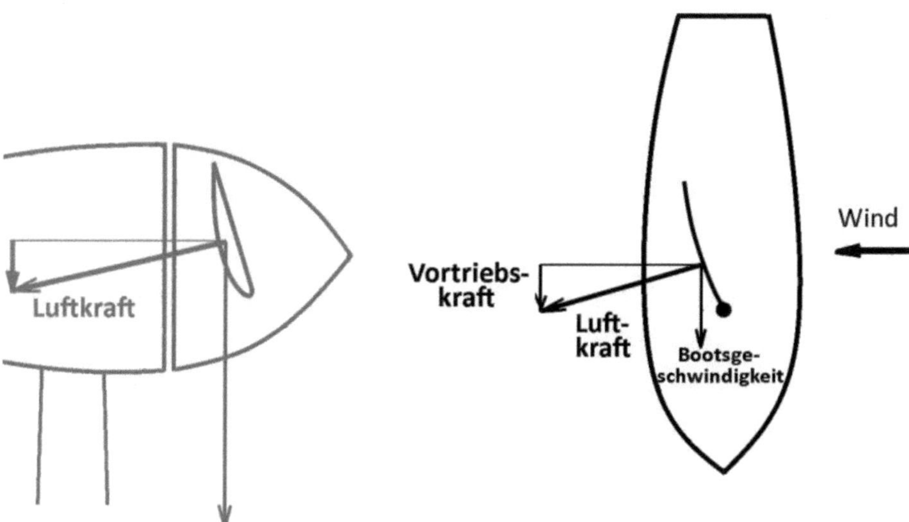

Daß es dabei wie ein Windkraftrotorblatt fährt zeigt sich am deutlichsten, wenn es gegen den Wind kreuzen muß Es braucht dazu einen "Anlasser". Die Segel im Stand einfach so zu stellen, wie sie nachher bei der Fahrt benötigt werden, ließ schon viele Anfänger rückwärts das Ufer eines Sees erreichen.

Das Windrad hatte noch Glück, daß es für seine nur seitliche "Fahrt" noch alleine anlief. Mit einem Segelboot geht es seitlich auch so. Will das Segelboot aber gegen de Wind kreuzen, braucht es den "Anlasser": es muß zuvor Fahrt mit dem Wind oder seitlich dazu aufnehmen und dann mit Geschwindigkeit gegen den Wind eindrehen.

Für die Fahrt seitlich zum Wind und dann auch mit Ausreizung dieses Zustandes halb gegen den Wind gilt Gleiches wie am Flügel bzw. Blatt eines Windrades. Auch das Segel steht fast quer zum Wind. Das Segel steht damit fast in Bootsrichtung. Dieser kleine Winkel entspricht auch hier der nach unten geneigten Stellung des Flügelprofils eines Segelflugzeuges im schnelleren Gleitflug.
Das Bild zeigt den direkten Vergleich mit dem Funktionsmus eines Flügelblattes eines Windrades.
Unterschiedlich ist nur die beim Boot vergleichsweise geringe Geschwindigkeit. Das führt dazu, daß dicke Profile keinen Vorteil mehr haben, es genügt die dünne Plane eines Segels.
Geschwindigkeit ist auch beim Boot das zwingend Notwendige, damit eine Fläche nach dem Prinzip der schiefen Ebene Luft unter sich beschleunigen kann. Auch diese Luft wird gegen den Wind in Bewegung gesetzt, so daß auf der Rückseite der Segel eine verlangsamte Luftströmung vorliegt. Diese verlangsamte Luft zieht sich vom Boot aus gesehen nach schräg hinten weg, wie es im Bild Seite 124 dargestellt ist.
Nachfolgende Boote, die in diese Luftbereich hineinfahren, nennen ihn dirty air (schmutzige Luft). Sie werden darin langsamer.

Auto

Seit der Energiekrise ist Aerokinetik auch an bodenhaftenden Fahrzeugen von Interesse. Hier ist ebenfalls das Mißverständnis von Fahrtwind und Strömung präsent. Und damit geht auch hier der Denkprozeß von einer falschen Voraussetzung aus. Nach den Regeln für Relativbewegungen ist es egal, ob sich die Luft am Auto oder das Auto an der Luft vorbei bewegt. Für die Aerokinetik ist es jedoch auch hier ein grundlegender Unterschied. Das richtige Denkmodell muß von der Tatsache ausgehen, daß die Luft steht und das Fahrzeug diese erst in Bewegung versetzt. Daraus leitet sich ohne nachzudenken sofort die Schlußfolgerung ab, daß ein Fahrzeug Luft immer nur mit sich nimmt. Es entstehen wie bei einem Flugzeug mit den dort genannten Ursachen Widerstände.

Der Hauptluftwiderstand entsteht beim Fahrzeug am Heck. Die vorn noch einigermaßen elegant ʻdurchstoßeneʼ Luft wird hinter dem Fahrzeug durch die Form des Fahrzeughecks nicht wieder zusammen geführt. Die Heckfläche als abruptes Ende des die Luft durchdringenden Körpers hinterläßt einen leeren Raum, in den dann durch den sich daraus ergebenden Unterdruck Luft einströmt.

Diese Luft kommt von hinten, trifft auf die Heckfläche auf und bleibt dort relativ zum Fahrzeug stehen. Dieser Sogwiderstand hat beim Fahrzeug den größten Anteil am Gesamtwiderstand.

Die bei Rennwagen verwendeten Abtriebsflügel über dem Heck zur Vergrößerung der Anpreßkraft der hinteren Anriebsräder auf die Fahrbahn erzeugen wie ein Tragflügel einen Luftstrom, der hier nach oben gerichtet ist. Er saugt natürlich auch Luft von unterhalb der Heckflügel bis zur Fahrbahnoberfläche an. Bei regennasser Fahrbahn ist die mit der Luft nach oben strömende Gischt als Fontäne in der Breite der Abtriebsflügel zu sehen.

Dieser Aufwärtsluftstrom benötigt für seine Beschleunigung nach oben eine erhebliche Kraft, die dem Fahrzeug als Vorwärtsschub verloren geht. Die von Rennwagen der Formel 1 erreichten maximalen Geschwindigkeiten von ca. 350 km/h benötigen dafür eine Motorleistung von über 800 PS. Ein windschnittiges Fahrzeug würde mit
der halben Leistung schon schneller fahren können. Die Kurvenproblematik und die Beschleunigungsphasen sind bei Formel 1-Rennwagen jedoch ausschlaggebender und setzen somit andere Prämissen.

Zwei völlig falsch dargestellte Vorgänge an Autos sollen richtig gestellt werden.

Hinter einem anderen Auto kann man in dessen "Sog" fahren", so viele Aussagen. Was heißt das?
Einen Meter hinter einem Vorausfahrenden würde das stimmen, da kann man aber nicht fahren. Dieser Sog würde ja auch bis 50 Meter nach hinten reichen. Was ist es also wirklich?

Die Wirklichkeit ist: Jedes Fahrzeug nimmt bei seinem Durchgang durch die Luft auch Luft mit sich mit. Das heißt, hinter einem Fahrzeug besteht eine Luftströmung hinter ihm her. So, als wenn mit einem "Besen" Luft hinter dem Fahrzeug her gekehrt worden wäre. Ein Nachfolgendes fährt dann in diesem Mitwind, so daß es weniger Luftwiderstand hat und weniger Treibstoff benötigt. Ist das "Fahrzeug" ein Radfahrer, so spürt ein anderer Radfahrer dicht hinter ihm diesen Mitwind in großem Maße.

Das zweite Falsche ist, daß unter einem Fahrzeug ein Unterdruck entstehen würde, weil die Luft unter ihm schneller strömen müßte. woher wüßte die Luft, daß sie das tun müßte? Diese These stammt aus der Bernoullitheorie. Sie wurde zur Brille, mit der man an jeder Engstelle, wo Luft hindurch gehen könnte, ein Bernoulliischer Effekt mit Unterdruckbildung hinein interpre-tiert. "Bernoulliaerodynamiker" sehen bei Allem und Jedem in der Welt nur Bernoullieffekte.
Die Wirklichkeit ist, daß auch unter einem Auto durch Reibung und Konturformen Luft immer nur mitgenommen werden kann und der Fahrtwind langsamer wird.

Bei Formel 1 Fahrzeugen hat die Bodenplatte als Unterseite des Fahrzeugs seit jeher eine große Bedeutung. Nicht nur als Schutz gegen den Untergrund, sondern als Mithelfer zum Ansaugen des Fahrzeugs an die Fahrbahn. Wie sie aber funktioniert, weiß praktisch niemand.
Mit dem Bernoullieffekt geschieht es auf keinen Fall.
Die Bodenplatte ist nach vorn spitz zulaufend. Luft wird also zu den Seiten hin weg geschoben wie mit einem Schneepflug. Damit entsteht rein mechanisch unter und hinter diesem Pflugbereich Unterdruck. Der füllt sich natürlich bis nach hinten zum Ende der Platte aber von den Seiten her wieder auf.

Nun sieht man seit 2014, daß die Formel 1 Boliden die Heckplatte mit dem Heck angehoben wurden. Der Abstand der Bodenplatte wird dadurch nach hinten deutlich größer.

Warum?

Weil auch nach der "Schneepflug"spitze mit der dann seitlich parallel begrenzten Platte weiter Freiraum geschaffen wird. Der Unterdruck wird durch das Anheben bis weiter nach hinten erhöht, obwohl natürlich der Zufluß von der Seite dadurch auch gefördert wird.

Die Formel 1 besteht seit 1950. Davor gab es aber natürlich auch schon gleichwertige Rennautos. Es hat damit also mindestens sechseinhalb Jahrzehnte gedauert, bis die Unterdruckerhöhung durch das hintere Anheben der Bodenkontur des Autos gefunden wurde.

Warum?

Weil das Bernoulli-Denken nicht zu dieser Erkenntnis führen konnte. Die **"Strömungsetablierten"** wissen das ja bis heute nicht, denn diese Erkenntnis wurde nur mit Pragmatismus gefunden und nicht durch eine Theorie theoretisch voraus gesagt. Man hat nämlich gar keine Theorie, nur Kenntnis davon, daß es einen Bernoullieffekt gibt. Dabei ist Aerodynamik gar nicht die Ursache der für die Abläufe von Geschehnissen zwischen Körpern und Luft, sondern ausschließlich die kinetische Mechanik.

Luft ist ein gleichwertiger Körper wie die ihn durchdringenden Körper auch.

Nachwort

Die Physik des Fliegens zeigt die Unzulänglichkeit des Denkens des Menschen am deutlichsten auf. Der Mensch ist so auf sich selbst gepolt, daß er immer wieder auf seine ihm eigene subjektive Sicht verfällt.
Daß sich nicht die Sonne um die Erde, d. h. um *ihn* höchstpersönlich, dreht, so wie er es ja empfindet, sondern *er* sich mit der rotierenden Erdoberfläche um sich selbst, wird ihm wohl noch in weiteren tausend Jahren immer noch nicht wirklich einleuchten. Er kann seine relative Sicht einfach nicht lassen, fällt immer wieder auf sie herein.

Fliegen funktioniert nur **gegenüber** der Luft. Damit ist die Luft der alles bestimmende Bezugspunkt. Von ihr aus gesehen sind Bewegungen für das Fliegen absolut, sie ist der Bezugspunkt.

Fliegen geht nur, wenn Teile der Luft nach unten beschleunigt werden. Diese Bewegungen der Luft sind gegenüber der umgebenden nicht vom Flugobjekt beeinflußten Luft absolut und damit die wirksamen Bewegungen.

Vom sich gegenüber der Luft bewegenden Flugobjekt aus gesehene Bewegungen sind relativ, damit falsch und unwirksam.
Relativ bedeutet in der Physik unwahr. Nur Absolutes ist wahr. Das Absolute für das Fliegen ist nur aus der umgebenden Luft sichtbar. Auch, wenn sich die umgebende Luft als Wind über der Erdoberfläche verschiebt. Auch dann ist die Luft der Bezugspunkt für das Absolute des Fliegens, also weder der Erdboden noch das Flugzeug.

Relatives ist per se Falsches!

Das trifft sogar auf die Relativitätstheorien zu. Einstein läßt darin den Schwanz mit dem Hund wedeln, sprich sich den Raum krümmen, damit sich ein Körper auf seiner Wurfparabel geradeaus bewegt. Und alle glauben das.

Wo bleibt das eigene Denken und die Vernunft?
Unter der Mathematik vergraben!

Weitere Publikationen des Autors:

Die neue Physik, Wie Physik endlich zu Wissenschaft wird
Physikirrungen
www.flugtheorie.de
www.kosmosphysik.de
www.physicsfuture.org